청소년을 위한 미래과학 교과서 6

날씨를 마음대로, 기상조절

| 발간에 부쳐 |

21세기로 접어들면서 인류는 유사 이래 그 어느 때보다도 격렬한 기술 발전을 경험하고 있습니다. 공학기술은 인류의 미래에 무한한 가능성을 열어주고 있지만 핵폭탄, 환경오염에 따른 생태 파괴, 합성물질의 위협에서 보듯 자칫 인류의 생존을 위협할 수도 있습니다.

'청소년을 위한 미래과학 교과서' 시리즈는 청소년이 공학 분야를 쉽고 흥미롭게 이해하고 기술문명이 가져올 미래의 변화에 대해 고민할 수 있게 함으로써 더욱더 풍성한 21세기 과학한국의 미래를 열기 위한 기획입니다. 실제 우리의 삶에 가장 밀접하게 존재함에도 불구하고 낯설고 멀게만 느껴졌던 공학을 편안하고 가깝게 느끼도록 하는 것이 발간의 목적입니다. 우리의 미래생활을 위한 비전북이 되기를 희망합니다.

이 시리즈는 지식경제부의 지원을 받아 NAEK 한국공학한림원과 김영사가 발간합니다.

청소년을 위한 미래과학 교과서 6
날씨를 마음대로, 기상조절

지음_ 국립기상연구소 지구환경시스템연구과 기상조절연구그룹
그림_ 임종철

1판 1쇄 발행_ 2009. 3. 27.
1판 7쇄 발행_ 2016. 9. 12.

발행처_ 김영사
발행인_ 김강유

등록번호_ 제406-2003-036호
등록일자_ 1979. 5. 17.

경기도 파주시 문발로 197(문발동) 우편번호 10881
마케팅부 031)955-3100, 편집부 031)955-3250, 팩시밀리 031)955-3111

저작권자 ⓒ 2009 국립기상연구소 지구환경시스템연구과 기상조절연구그룹
이 책의 저작권은 저자에게 있습니다.
서면에 의한 저자와 출판사의 허락 없이 내용의 일부를 인용하거나 발췌하는 것을 금합니다.

Copyright ⓒ 2009 National Institute of Meteorological Research (NIMR)
Global Environment System Research Laboratory
Weather Modification Research Group
All rights reserved including the rights of reproduction
in whole or in part in any form. Printed in Korea.

값은 뒤표지에 있습니다.
ISBN 978-89-349-3410-3 03500

독자의견 전화_ 031)955-3200
홈페이지_ http://www.gimmyoung.com   카페_ cafe.naver.com/gimmyoung
페이스북_ facebook.com/gybooks   이메일_ bestbook@gimmyoung.com

좋은 독자가 좋은 책을 만듭니다.
김영사는 독자 여러분의 의견에 항상 귀 기울이고 있습니다.

⚠ 주의 책 모서리에 찍히거나 책장에 베이지 않게 조심하세요.

날씨를 마음대로, 기상조절

기상조절연구그룹 지음

국립기상연구소 지구환경시스템연구과

WEATHER
MODIFICATION

김영사

차례

| 들어가며 | 이제 날씨는 하늘의 뜻이 아니다   6

1장 : 기상조절이란 무엇일까?

1. 기상조절이란?   15
2. 어떻게 기상조절을 할 수 있을까?   19
3. 왜 기상조절 기술이 필요할까?   42

2장 : 기상조절의 역사

1. 조절일까, 조작일까?   49
2. 전 세계는 지금 기상조절 중   71
3. 우리나라의 기상조절 연구는 어디까지 진행되었을까?   86

3장 : 우리나라 기상조절 실험, 어디까지 왔을까?

1. 기상조절 실험을 위한 몇 가지 조건들   93
2. 대관령 구름물리선도관측센터에서는 무슨 일을 하고 있을까?   103
3. 기상조절이 가져다주는 경제적 이익   121
4. 기상조절의 경제적 이익을 따지기 전에 생각해야 할 것들   138

4장 : 새로운 기상조절 기술 알아보기

1. 모스크바 붉은 광장에 비가 오지 않는 이유　143
2. 바다에서 비를 만드는 기술이 의미하는 것　148
3. 기상변화에 대처하는 새로운 기술들　153

5장 : 기상조절, 문제점은 없을까?

1. 많은 돈과 시간이 필요한 기상조절 기술　159
2. 환경 파괴일까, 개선일까?　162
3. 사회적 합의로 만들어야 할 기상조절법　167
4. 기상조절 기술의 필수 조건은 정책 지원　171

6장 : 앞으로 무엇을 해야 할까?

1. 출발선에 선 국내 기상조절 프로젝트　177
2. 기상조절 기술 발전을 위해 필요한 것들　181

| 나오며 | 하늘을 지배하는 가장 빠르고 안전한 방법, 과학적 겸손함　188
참고문헌　192

이제 날씨는 하늘의 뜻이 아니다

인류의 역사가 시작된 이래 하늘은 언제나 경외의 대상이었다. 인력으로는 어찌할 수 없는 힘을 가진 두려운 존재였다. 그래서 태양, 구름, 바람, 비, 눈 같은 '하늘에 속한 것'으로 인정된 모든 기상현상들은 선사시대 이래로 종교적 숭배를 받아왔다.

고대 이집트에서는 '라(Ra)'라는 태양신을 섬겼고, 왕을 지칭하는 '파라오' 역시 태양신을 뜻하는 말이었다. 그리스 신화 최고의 신인 '제우스'는 하늘의 모든 기상현상을 관장하는 신이었다. 고대인에게 하늘과 거기에 속한 모든 기상현상은 땅에 발 딛고 사는 인간이 감히 손댈 수 없는 신비의 영역이자 두려움의 영역이었다.

물론 그렇다고 해서 인간이 그 두렵고 알 수 없는 영역에 대해 어떠한 시도조차 하지 않은 것은 아니었다. 과학의 시대가 도래하기 이전부터 인류는 신의 영역과 접촉하기 위한 여러 가지 노력을 해왔다. 기우제가 대표적이다. 농경사회가 정착한 곳이라면 지구상의 어느 곳에서든 조금씩 다른 형태의 기우제가 존재했다.

우리나라도 마찬가지여서 농경사회가 시작된 고조선 때부터 기우제가 존재했다. 환웅이 하늘로부터 풍백(風伯), 우사(雨師), 운사(雲師)를 거느리고 내려왔다는 단군신화 자체가 이미 하늘과 기후에 대한 당시의 종교적 인식을 말해준다. 조선시대에 이르러서는 유교적 제사 형태의 기우제가 국가 차원에서 열렸다. 가뭄이 닥치면 임금은 몸과 마음을 경건히 하고 직접 조정 대신들과 국행 기우제를 지냈으며, 민간에서는 온갖 주술적 행위를 동원한 다양한 기우제가 있었다.

기우제와 관련한 가장 재미있는 이야기는 아메리카 인디언 호피(Hopi) 족의 사례다. 아메리카 인디언에게는 다양한 기우제의 전통이 있었는데, 유독 호피 족이 기우제를 지내면 항상 비가 내렸다. 이 부족에게만 특별한 레인메이커(rainmaker)가 존재했던 것일까? 그렇지 않다. 이들은 비가 올 때까지 기우제를 그치지 않았다. 고대사회의 기우제의 핵심은 바로 이것이다. '비님'이 오실 때까지 기다리며 성심을 모으는 것. 그렇게 기우제는 인간과 자연(하늘)이 맺어온 오랜 관계를 설명해주고 있다.

이렇듯 기상현상을 자기 마음대로 조절하고 싶은 인간의 욕망은 과거에는 신의 뜻과 자비로움에 기대는 방식으로 이루어졌다. 그래서 오랜 세월 어느 문화권에서든 기우제를 주도하는 주술사인 레인메이커는 매우 존경스러운 존재, 하늘과 접촉하는 신적인 존재로 추앙받았다.

중국 촉(蜀)나라의 책사였던 제갈 량. 그는 겨울 계절풍인 북서풍을 3일 동안 남동풍으로 바꾸는 신묘한 기술로 적벽대전을 승리로 이끌어 모두를 놀라게 했다. 『삼국지』의 이 유명한 장면을 소설가 이문열은 이렇게 해석했다. "기후에 능통한 제갈 량이 온난전선의 도래로 며칠간 남동풍이 불 것을 예상했음에도 이러한 예측을 과학과 지식의 차원에서 설명하지 않고, 단을 쌓고 제사를 지내 극적으로 연출했다."

이처럼 오랜 인류의 역사 속에서 기상현상을 조절해보겠다는 인간의 욕망은 대체로 과학적으로 설명하기보다는 하늘의 뜻으로 설명하는 편이 훨씬 유용했다. 호피 족의 경우도 마찬가지라고 할 수 있다. 신이 비를 내리는 것이 아니라 인간이 비가 올 때까지 끈질기게 기다리는 것임에도 불구하고, 호피 족 인디언은 자신들이 지내는 기우제의 주술적 효과를 신봉했다.

오늘날 세상은 더 이상 주술적인 레인메이커를 믿지도 원하지도 않는다. 과학기술의 발달은 주술적 레인메이커의 실체를 드러냈다. 그렇다고 레인메이커가 필요 없어진 것은 아니다. 주술적 레인메이커는 필요 없어졌지만, 실제로 눈과 비를 만들어 내리게 할 수 있는 '과학적 레인메이커'가 필요하게 된 것이다.

2008년에 열린 베이징 올림픽은 현대적 레인메이커의 실체를 보여준 실례라고 할 수 있다. 베이징 올림픽 조직위원회는 올림픽 기간 전 한 달간 악명 높은 베이징의 대기오염을 완화시키기 위하여 항공기 10

대와 로켓포 100여 발을 투입하여 올림픽이 개최되기 전까지 지속적으로 인공강우를 시도했다. 말하자면 대기오염 물질을 말끔히 씻어내고 올림픽 기간 중 맑은 공기를 확보하겠다는 계획이었다. 또한 개·폐막식 당일의 맑은 하늘을 위해 비구름 소산을 성공하여 세계에 기술력을 입증하였다.

중국이 주로 사용한 방법은 아직 완전히 형성되지 않은 비구름에 요오드화은(AgI, 요오드와 은을 반응시켜 얻은 물질)과 드라이아이스(dry ice, 고체 탄산)를 뿌려 강제로 비를 내리게 하는 것이었다. 호사가들은 인공강우와 비구름 소산으로 올림픽 개·폐막식의 맑은 날씨는 성공적으로 확보했을지는 몰라도, 이러한 인위적인 날씨 조절이 이후 양궁이나 테니스 경기가 있었던 날은 진행이 불가능할 정도로 비정상적인 폭우와 돌풍을 불러왔다고 주장하기도 했다. 당시 한국의 일부 네티즌은 세계 최고인 한국 양궁의 금메달 획득을 저지하기 위해 중국이 양궁 결승일에 비와 바람을 동반한 인공강우를 유도했다는 설을 제기하기도 했다. 사실이든 아니든, 베이징 올림픽을 기점으로 이제 과학적 레인메이커가 실재(實在)한다는 것이 널리 확인된 것만은 확실한 듯하다.

오늘날 기상에 대한 인간의 기대는 농경시대의 직선적이고 단순한 바람의 차원을 뛰어넘는다. 일기예보는 단순히 내일 아침에 우산을 들고 나가느냐 마느냐 하는 문제를 해결해주는 정보만으로 기능하지 않는다. 산업 전 분야의 마케팅이나 생산 계획에 영향을 미치는 필수적인 기술로 작용하고 있다.

미국 상무부 조사에 따르면, 오늘날 전 산업 분야의 70퍼센트 이상이 날씨에 영향을 받으며, 미국 GNP(국민총생산)의 약 11퍼센트가 날씨의 영향을 받는 범주에 속해 있다고 한다. 실제로 따뜻한 겨울이냐 추운 겨울이냐에 따라 매출이 급변하는 산업이 부지기수며, 심각한 태풍 하나가 휩쓸고 지나가도 그 피해 수준은 적게는 수십억 원, 많게는 수십조 원에 달하기도 한다. 심지어 자연재해의 피해도에 따라 일시적으로 급격히 성장하는 산업마저 등장했다.

사실 우리는 그동안 자주 빗나가는 기상청의 일기예보에 짜증을 내곤 했다. 하지만 눈에 보이지 않는 곳에서 기후와 기상현상 일반에 대한 과학적 연구는 이미 우리의 상상을 뛰어넘는 수준까지 발전해왔다. 특히 농업 생산물의 가격이 폭등하고 식량이 무기화되어가고 있는 국제 상황과 저탄소 자연친화 미래에너지에 대한 관심이 폭발적으로 늘어나는 추세에 따라 기후에 관한 연구는 크게 주목받고 있다.

지구온난화와 자연재해 그리고 친환경 문제는 이미 기후변화협약 등을 통해 전 세계적인 공감대를 형성하고 있지만, 산업적 측면에서 기후에 관한 각국의 연구는 경쟁적으로 진행되고 있다. 이런 연구의 핵심에는 '기상조절'이라는 큰 화두가 있다.

날씨를 인간 마음대로 조절할 수 있다면 세상은 어떻게 바뀔까? 이런 질문이 단지 꿈같은 이야기일까? 아니다. 우리는 현재 이런 꿈같은 일들이 우리 눈앞에서 펼쳐질 날을 코앞에 두고 있다. 지금부터 우리는 이러한 현실을 구체적으로 살펴보고자 한다. 최근의 연구결과와 성과들을 살펴보고, 기상조절이 그동안 어떻게 이루어져 왔고 어떤 사회적 역할을 해왔는지 알아보고자 한다. 또한 기상조절의 전망을 살펴보고, 나아가 기상조절에 의해서 생기는 환경적·사회적 문제는 없는지 간단하게나마 생각해보고자 한다. 따라서 이 책의 구성도 이러한 단계를 따라간다.

1장에서는 기상조절이 기본적으로 어떻게 이뤄지는지, 기상조절에는 어떤 기술이 있는지 알아보고, 2장에서는 기상조절 연구 개발에 관한 국내·외의 역사와 움직임을 살펴본다. 3장에서는 국내에서 최근에 실시되었던 인공강우 실험 결과와 그 실험이 사회·경제적으로 미치는 영향을 살펴보며, 4장에서는 몇 가지 주목할 만한 최신 기상 조절 기술을 소개한다. 5장에서는 기상조절 기술로 발생할 수 있는 있는 여러 가지 문제를 점검해본다.

기상조절이라는 주제가 다분히 전문적일 수밖에 없고, 딱딱한 과학 기술적 수치나 도표가 많이 등장할 수밖에 없지만, 이 책에서는 가능한 많은 예와 참고자료를 제시해 독자 여러분이 쉽게 이해할 수 있도록 노력했다. 기상조절이 미래의 새로운 에너지인만큼 독자 여러분의 관심이 높아지길 바라며 이야기를 시작해본다.

1

기상조절이란 무엇일까?

WEATHER MODIFICATION

1. 기상조절이란?

2. 어떻게 기상조절을 할 수 있을까?

3. 왜 기상조절 기술이 필요할까?

chapter 1

기상조절이란?

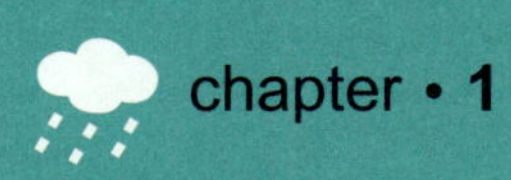

기상조절(weather modification)을 쉽게 풀이하자면 '날씨를 마음대로 조절' 한다는 뜻이다. 눈이나 비가 내리고, 흐리거나 맑은 기상현상들을 우리 마음대로 조절한다는 뜻이다. 그러나 한 가지 혼동해서는 안 될 게 있다. 바로 우리가 흔히 '기후' 라고 말하는 것과 '기상' 이라고 말하는 것에는 차이가 있다는 점이다.

영어로 climate로 번역되는 기후는 weather로 번역되는 기상과는 뜻이 매우 다르다. 사전적 의미로 기후는 대기와 지형, 지구의 자전과 공전 등 지구환경의 영향으로 나타나는 춥고 더움, 맑고 흐림 따위의 대기 상태와 대기 중에서 일어나는 현상(기상)들의 종합을 뜻한다. 즉

'지구상의 어느 지점, 또는 어느 지역에서 1년을 주기로, 매년 정해진 순서로 되풀이되어 나타날 확률이 가장 높은 대기의 종합 상태'를 일컫는다. 그러므로 기후는 통계로 표현된다. 세계기상기구(WMO, World Meteorological Organization)는 통상 30년간의 평균값으로 기후를 규정하고 있다. 반면 기상은 지역이나 기간에 구애받지 않고 대기 중에서 일어나는 현상을 통칭하는 말이다. 비, 바람, 구름, 천둥, 번개, 우박 등이 모두 기상현상이라고 할 수 있다. 즉 특정 기간과 지역에 주목하여 평균적으로 나타나는 현상의 확률에 주목하는 것은 기후고, 단지 그 현상 자체를 지칭하는 것은 기상이라고 말할 수 있다.

그러므로 '기상조절'이란 표현은 사용해도 '기후조절'이라는 표현은 사용할 수 없다. 왜냐하면 대한민국의 봄·여름·가을·겨울이라는 사계절, 즉 기후를 바꾸거나 조절하는 것은 지역적으로 사계절 실험이 진행되어야 하기 때문이다. 상시체제를 갖추고 있는 중국은 최근 '기후조절'이라는 용어를 사용하기 시작했으나 아직은 비가 내리거나 눈이 오는 것에 대한 조절이 현재 우리가 보유한 과학기술의 상태다, 그래서 우리는 '기상조절'이란 말을 일반적인 용어로 사용할 것이다.

지금도 그렇지만 자연재해는 언제나 인간에게는 어찌 해 볼 수 없는 공포였다. 자연재해는 인류의 삶의 조건을 바꾸어놓거나 삶과 죽음을 좌우했다. 이런 피할 수 없는 재앙에 대해서 인류는 문명의 발전사를 따라, 과학기술의 발전을 통해, 벗어나려는 다양한 노력을 펼쳐왔다.

과거에는 불가항력이라는 말로 자연의 변화무쌍한 횡포 앞에 굴복할 수밖에 없었지만, 오늘날은 그 자연의 위력에 도전하고 조절하려는 많은 성공적인 움직임이 있다. 태풍, 장마, 집중호우, 가뭄, 대기오염 등 기상재해가 인간에게 끼치는 피해는 단순히 숫자로 설명할 수 없을 정도로 엄청나다. 만약 이런 피해에서 벗어날 수 있다면? 날씨를 조절하고 싶은 인간의 욕망은 바로 이러한 바람 때문에 생겨났다. 그것이 바로 이 책에서 설명하고자 하는 '기상조절'이다.

미국기상학회(AMS, American Meteorological Society)의 정책선언문(1992.1.5)에서는 기상조절을 '의도적인 기상조절'과 '비의도적인 기상조절'로 구분하고 있다. 의도적인 기상조절은 특별한 목적을 가지고 어떤 지역의 안개나 구름, 강수 등의 기상변화를 일으키는 것이며, 비의도적인 기상조절은 인간의 일상적인 활동이나 산업 발전에 따라 발생하는 긴 기간의 기상변화를 가리킨다.

우리가 흔히 말하는 기상조절은 의도적인 기상조절로 보통 인공강우나 인공증설, 안개 소산, 우박 억제, 폭풍우 완화 등이 이에 속한다. 인공강우나 인공증우는 여름철 비의 양을 증가시키는 기술을 말하며 인공증설은 겨울철 눈의 양을 증가시키는 기술을 말한다. 또한 도로나 공항의 시정(視程) 확보를 위해 안개를 제거하는 안개 소산 기술, 농작물의 냉해 피해를 예방하는 우박 억제 기술, 여름철에 큰 피해를 입히는 태풍과 집중호우를 억제하는 폭풍우 완화 기술 등은 통칭 '위험기상(危險氣象) 제어 기술'이라고 한다. 이 밖에 국가적인 중요한 행사가 있을 때 구름을 제거하는 기술도 있다.

최근 중국이 베이징 올림픽의 원활한 진행을 위해 대기 중의 오염물질을 제거하는 데 인공강우 기술을 사용했던 것처럼 기상조절 기술은 특정 시기, 특정 지역에서 필요에 따라 다양한 용도로 활용이 가능하다. 심지어 군사적·정치적 용도에 의한 기술까지 현대 산업사회의 복잡한 요구에 따라 점차 그 용도가 확대되어가는 추세다.

보통 기상조절이라고 하면 우리는 '인공강우'라는 말로 인식하는 경향이 있다. 그만큼 비가 인간에게 가장 흔하고 익숙한 자연현상이기 때문일 것이다. 그러나 '인공강우'라는 말은 여러 가지 기상조절 기술 가운데 한 가지일 뿐 모든 기상조절을 대표하는 것은 아니다.

더불어 인공강우에 대한 또 다른 오해도 바로 잡을 필요가 있다. 인공강우라고 하면 구름이 없는 맑은 하늘에서도 비가 오게 하는 것으로 생각하는 경향이 있는데, 이것은 현재의 과학기술로는 불가능한 일이다. 단지 비가 내릴 가능성이 있는 구름에 인위적으로 영향을 주어 비를 내리게 하는 것이 가능할 뿐이다. 그러므로 '인공강우'보다는 '인공증우'가, '인공강설'보다는 '인공증설'이라는 표현이 더 정확하다. 그러나 '인공강우'를 좀 더 넓은 의미에서 공식적으로 인정하고 있으므로 이 책에서는 '인공강우'를 기본 용어로 하고, 상황과 조건에 따라 '인공증우'를 부가적으로 사용하도록 하겠다.

chapter 2

어떻게 기상조절을 할 수 있을까?

인공강우 이해하기

비는 어떻게 내릴까?

인공강우를 이해하기 위해서는 먼저 비가 내리는 과정에 대한 이해가 필요하다. 비에 대해 이야기하려면 우선 구름에 대해 알아야 하고, 구름에 대해 이야기하려면 구름을 이루는 수증기에 대해 알아야 한다. 하늘에 떠 있는 구름은 대기 중의 수증기가 응결하거나 빙결(氷結, 얼음이 얼어붙음)하여 형성되는 물방울(水滴, 수적) 또는 얼음 결정(氷晶, 빙정)의 집합체라고 할 수 있다.

통상 구름의 형성 과정은 다음과 같다.

우선 응결핵(condensation nuclei) 역할을 하는 반지름 0.1마이크로미터(μm) 정도의 미세입자 주위에 수증기가 모여들어 응결 과정이 일어난다. 여기서 미세입자란 에어로솔(aerosol)이라고도 하는데, 대기 중에 떠다니는 고체 또는 액체의 미립자를 말한다. 에어로솔을 통해 수증기 응결 과정이 일어나면 물방울의 크기가 커지는데, 반지름이 20~25마이크로미터까지 커지면 성장 속도가 느려지게 된다. 즉 대부분의 구름 입자는 반지름이 평균 10마이크로미터 내외로 아주 작아 구름 내 난류에 의해 떠 있게 된다. 이런 물방울과 아직 물방울로 결합하지 않은 수증기로 이루어져 대기 중에 정체된 덩어리가 떠다니는 것을 구름이라고 한다. 보통 빗방울의 크기, 즉 강수 입자의 크기가 1,000마이크로미터 정도 되는 점을 감안한다면, 구름 내 물방울과 빗방울의 지름 차이는 100배고 부피 차이는 100^3배이므로 하나의 강수 입자가 형성되려면 100만 개의 구름 입자가 뭉쳐야 된다. 그림 1은 구름 속 입자 크기를 비교한 것이다.

그렇다면 구름은 어떻게 비로 변하는 것일까? 즉 작은 구름 입자는 어떻게 비가 올 만큼의 큰 강수 입자로 발달하는 것일까? 연구 결과에 따르면, 응결 과정으로 구름 입자가 형성되는 것은 설명할 수 있지만 응결 과정만으로 구름 입자에서 강수 입자로 성장하는 것은 구름의 일반적인 지속 시간 이내에는 거의 불가능한 것으로 알려졌다. 구름을 이룬 입자와 수증기는 바람이나 주변 온도 등으로 흩어지거나 쉽게 사라지는 것이 보통이기 때문이다. 비가 되어 내리기 위해서는 단순한

| 그림 1. 구름 속 입자 크기 비교 |

응결 과정 이외에도 충돌과 병합 등 더 다양한 현상이 구름 속에서 일어나야 하고, 또 이 현상들의 조합이 있어야 한다.

현재 널리 인정받고 있는 대표적인 강수이론으로는 얼음 결정, 즉 빙정의 성장에 의한 강수 과정인 '빙정설'과 물방울의 충돌과 병합에 의한 '병합설'이 있다(그림 2).

위도가 높은 추운 지방의 구름 위쪽 꼭대기에는 $0°C$ 이하로 냉각되어 있는 것들이 많다. 이 구름들에는 빙정뿐 아니라 과냉각 물방울(supercooled droplet)이라고 불리는 $0°C$ 이하에서도 얼지 않고 존재하는 물방울이 포함되어 있다. 이 과냉각 물방울이 수증기압의 차이로 부분적으로 증발하여 얼음 결정에 달라붙으면서 점점 크게 성장한다. 이렇게 커진 얼음 결정은 다른 과냉각 물방울들과 충돌 및 병합(collision-coalescence process) 과정을 거치면서 급격하게 성장하고 무거워져서 대기 중에 떠 있지 못하고 지상으로 떨어지게 된다. 이때 만일 지상의 온도가 $0°C$ 이상이라면 얼음 결정이 녹아 비가 되고, $0°C$ 이하라면 눈이 된다.

여기서 주목할 점은 강수 형성의 핵심이 되는 얼음 결정, 즉 빙정이 빙정핵(ice nuclei)의 작용으로 생성된다는 주장이다. 1938년부터 제기된 이 이론을 베르게론-핀다이젠(Bergeron-Findeisen)설 또는 빙정설이라고 한다. 베르게론이 처음 발표하고, 핀다이젠이 이론적 발전을 이루었기 때문이다.

그러나 이 이론을 열대지방이나 여름철 증위도 지방에 형성되는 구름에 적용하는 데에는 어려움이 있다. 왜냐하면 구름 최상부의 온도가

그림 2. 구름 온도에 따른 강수의 형성 과정

0℃ 이상이기 때문이다. 즉 과냉각 물방울도 없고 얼음 결정도 없다는 말이다. 우리는 이러한 구름을 따뜻한 구름이라고 하는데, 구름 전체가 각기 크기가 다른 물방울로만 이뤄져 있다. 이 물방울들은 구름 내에서 기류에 의해 낙하하거나 다시 상승하는 운동을 하게 되는데, 그 크기에 따라 낙하 속도와 상승 속도가 다르다. 큰 물방울이 작은 물방울보다 빨리 떨어지게 되는데, 떨어지면서 속도가 낮은 작은 물방울에 부딪히게 되고 결국 하나로 합쳐진다. 이 과정을 병합이라고 한다. 이런 과정을 통해 형성된 비를 따뜻한 비라고 하며, 따뜻한 비의 발달 과정에 관한 이론인 병합설은 보웬(Bowen)과 랭뮤어(Langmuir)에 의해 제안되었다.

앞에서 설명한 것처럼 물방울은 얼음 결정과 마찬가지로 응결핵이라는 아주 작은 입자 주위에 수증기가 달라붙으면서 형성되는데, 이러한 응결핵은 주로 화산 폭발, 산림 화재, 공장이나 자동차에서 배출되는 화학물질, 바다의 물보라에서 만들어진 해염(海鹽) 입자 등으로 이루어진 공기 중의 에어로솔이 대부분이다. 이런 과정으로 강수현상을 설명하는 것이 병합설이며, 빙정설과 함께 대표적인 강수이론이다.

어떻게 비를 만드는 것일까?

대부분의 기우제는 과학적 근거가 거의 없다. 다만 비가 오길 바라는 간절한 마음만으로 이루어졌을 뿐이다. 거의 모든 기우제가 주술적인 성격을 띠고 있는 것은 사실이지만 우연의 일치로 과학적 이론과 부합하는 기우제의 형태도 가끔 존재한다.

예를 들자면 조선시대에 행해졌던 기우제의 일종인 '산상분화(山上焚火)'를 들 수 있다. 산상분화는 산 위에서 건초나 장작더미 등에 불을 지르고 제사를 지내며 비가 내리기를 기원한 풍습이었는데, 이는 음양오행에 근거하여 불이라는 양기를 강화시켜 비라는 음기를 부르는 주술적 개념이 강했다. 그런데 오늘날 과학적인 시각으로 본다면 이 풍습을 단순히 주술적 의식으로만 받아들일 수는 없다. 산꼭대기에서 큰불을 피워 공기가 더워지면 그 속의 수증기가 하늘로 올라가 물방울이 될 가능성이 커질 수도 있고, 연기가 하늘로 많이 올라가서 응결핵의 역할을 할 수도 있다. 물론 산꼭대기에서 제아무리 큰불을 일으킨다 해도 수천 미터 상공에 있는 구름들에 영향을 주는 일은 거의 불가능하다. 그럼에도 인공강우의 개념이 없던 시대에 이런 종류의 기우제가 있었다는 것은 흥미롭다.

인공강우나 인공증설을 영어로 표현하면 'cloud seeding, precipitation enhancement, snow enhancement, artificial precipitation' 등 다양한 단어를 사용할 수 있다. 여기서 주목해야 할 것은 seeding, 즉 '씨 뿌리기'라는 단어다. 이것이 인공강우(설) 기술의 핵심이기 때문이다. 인공강우(설)의 원리를 간단히 말하자면, 아직 빗방울이 형성되지 않은 구름에 구름씨를 뿌려서 구름에 있는 수증기를 물방울로 응결시켜 비로 내리게 하는 것이다. 구름이 공기 중에 응결핵 역할을 하는 먼지나 가스 등이 적어 빗방울로 커지지 못하고 있을 때, 인위적으로 응결핵 역할을 하는 구름씨를 뿌려 비를 내리게 하는 것이 인공강우의 가장 기초적인 기술인 것이다. 한편 구름이 계속 상승하여 그 구름의 꼭대기가

0°C 이하의 온도에 이르러 구름 내의 과냉각 물방울이 다수 있을 경우에는 인위적으로 빙정핵 역할을 할 구름씨를 공급하여 그 과냉각 물방울들이 빙정핵에 달라붙어 성장, 무거워져 떨어지게 만든다. 이때 지상 부근의 기온이 0°C 이상이면 떨어지면서 녹아 비가 되고, 0°C 이하면 눈 또는 우박으로 떨어지게 된다. 얼음 결정이 되어 비로 발달하느냐 마느냐 하는 점 역시 전적으로 빙정핵 존재 여부에 달려 있다. 순수한 물방울은 표면 장력에 의해 영하 40°C에서도 얼지 않는 경우가 많다. 그래서 과냉각 물방울이 생기는 것이다. 그러나 적절한 핵이 공급되면 영하 2~3°C에서도 수증기가 얼음 결정이 되는 것이 가능하다. 구름씨, 즉 응결핵과 빙정핵의 적절한 공급을 통해 비나 눈을 내리게 하는 것, 이것이 인공강우(설) 기술인 것이다.

이렇게 개념적으로는 간단하게 보이지만, 실제 인공강우(설)는 말처럼 단순하고 손쉬운 기술이 아니다. 성공률만 살펴봐도 그렇다. 인공강우 초기에는 성공률이 30퍼센트 미만이었고, 근래 들어 미국이나 중국에서 자국 내 실험 성공률이 80퍼센트 이상이라고 자랑하지만, 실제로는 50퍼센트 정도로 예측된다. 우리나라의 경우도 2001년 과학기술부에서 인공강우 실험을 실시하면서 성공률을 50퍼센트 정도로 예측했다. 다양한 기상관측 기술의 발달로 좀 더 높은 성공률에 다가서기는 했지만, 비교적 오랜 기간 동안 연구한 인공강우조차도 그리 호락호락하지만은 않다. 개념적으로는 간단해 보이는데 기술이 실제 실험에서 성공률이 낮은 이유는 무엇일까? 이제 자세한 실험방법을 소개하면서 그 이유를 알아보고자 한다.

단계별 비 만들기 방법

인공강우를 시도하기 위해서는 우선 구름씨 물질을 선택하는 것이 중요하다. 앞서 살펴보았듯이 차가운 구름과 따뜻한 구름에 따라 구름씨가 각기 다른 역할을 하기 때문에 실험 환경에 따라 다양한 종류의 구름씨를 사용한다.

최초로 인공강우를 위해 사용된 물질은 얼음과 가장 흡사한 드라이아이스였다. 뉴욕 스케넥터디(Schenectady)에 소재해 있는 제너럴 일렉트릭(General Electric, GE) 사의 빈센트 쉐퍼(Vincent J. Schaefer, 1946) 팀과 버나드 보네거트(Benard Vonnegut, 1947) 팀이 실험을 통해 드라이아이스를 가지고 과냉각 물방울을 빙정으로 성장시키는 게 가능하다는 사실을 밝혀냈다. 그 후 보네거트는 추가적인 실험을 통해 요오드화은과 요오드화납(PbI_2, 요오드와 납의 화합물)이 더 효과적인 빙정핵으로 작용함을 알아냈다. 후쿠타(Fukuta, 1963, 1966)의 연구 결과(탄소 원자가 포함된) 유기화합물도 빙정핵으로써 효율적이라는 점이 밝혀졌다.

따뜻한 구름에는 물을 흡수하는 성질을 지닌 흡습성 물질(염화나트륨, 염화칼슘 등)이 주로 사용된다. 흡습성 물질은 구름 중 수증기를 모아 빗방울 크기로 성장시킨다. 아직까지는 흡습성 물질을 이용한 인공강우 실험이 자주 실시되고 있지는 않으나 점차 사용이 늘어가는 추세다. 일반적으로 염화나트륨, 요소, 질산나트륨 등이 좋은 흡습성 물질로 여겨진다.

구름씨로 사용할 수 있는 물질에는 여러 가지가 있지만, 특정 구름

이 구름씨가 수증기를 물방울로 응결시켜 비를 내리게 하지.
살포된 알갱이 주위에 미세한 수분 알갱이가 달라붙음
주변의 찬 공기로 인해 얼음알갱이 형성

속에서 쉽게 확산이 가능하며 응결핵이나 빙정핵을 많이 생성하기에 적합한 물질을 찾아내는 것이 무엇보다 중요하다. 특히 빙정핵으로 작용하는 경우 0°C 근처에서 쉽게 활성화될 수 있어야 한다. 또한 빛이나 화학작용에 의해 활성화를 잃지 말아야 하며, 자연환경에 해를 끼치지 않으면서도 값이 저렴해야 한다.

최근에는 차가운 구름(0°C 이하의 구름) 구름씨로는 요오드화은과 드라이아이스를 사용하며, 따뜻한 구름(0°C 이상의 구름) 구름씨로는 흡습성 물질을 사용한다. 요오드화은의 경우 얼음의 결정 구조와 가장 흡사하여 차가운 구름 내에서 얼음 결정을 형성하는 데에 가장 적합하고, 염화나트륨의 경우는 흡습성이 뛰어나 따뜻한 구름의 응결핵 역할을 하는 데에 용이한 것으로 알려져 있다(표 1).

일단 이렇게 구름씨 물질을 선택했다면, 그 다음은 그것을 어떻게 구름에 뿌리느냐에 관한 문제로 넘어가는데, 구름씨를 뿌리는 위치에 따라서 크게 비행실험과 지상실험으로 나눌 수 있다.

표 1. 구름 종류에 따른 구름씨 뿌리기 방법	
빙정핵 구름씨 뿌리기	– 대상: 차가운 구름(0°C 이하의 구름) – 빙정핵(요오드화은)이나 냉각물질(드라이아이스)을 뿌려 차가운 구름 속 과냉각 물방울과의 병합 과정을 강화시켜 빙정을 생산하거나 강화시키는 방법
응결핵 구름씨 뿌리기	– 대상: 따뜻한 구름(0°C 이상의 구름) – 흡습성 입자를 뿌려 따뜻한 구름의 응결 과정을 촉진시켜 강수를 유발하는 방법

비행실험은 일반적으로 비행기에 구름씨를 뿌릴 수 있는 장비를 탑재하여 상공을 2~8킬로미터 이상 날아올라 직접 구름에 구름씨(비씨)를 뿌리는 방식이다. 좀 더 나눠본다면, 구름 내 어느 장소에 구름씨를 살포하는지에 따라 운정(cloud top), 운중(cloud penetrations), 운저(cloud base) 살포로 구분하기도 한다.

반면 지상실험은 지상에 장착된 지상 연소기나 로켓으로 구름씨를 구름 속으로 들어가도록 조절하는 방법이다. 비행실험보다 부정확하여 실패율이 높긴 하지만 지형적 조건에 따라서는 적은 비용으로도 큰 효과를 볼 수 있다. 지상실험으로는 보통 운정까지 구름씨가 도달하기 어렵기 때문에 로켓을 이용하여 운중 혹은 운저에 살포하기도 하며, 산악 지형같이 강한 상승 기류가 빈번하게 일어나는 지역에서는 이러한 상승 기류를 이용하여 구름씨가 구름 속으로 들어가도록 조절하기도 한다(그림 3).

그렇다면 구름씨는 어떻게 뿌려지는 것일까? '약재 살포 시스템'은 항공이나 지상에서 구름씨를 살포하는 기계를 말하는데, 이를 '약재'라고 부르는 이유는 보통 인공강우 실험에서 구름씨 물질들을 약재라고 부르기 때문이다. 약재 살포 시스템이 하는 일은 응결핵이나 빙정핵의 역할을 할 수 있도록 약재를 적절한 크기로 만들어 필요한 범위에 적당한 양을 뿌리는 것이다. 0.1마이크로미터 단위의 미세한 입자를 만들어야 하는 구름씨 뿌리기의 작업적 성격상 이 시스템이 얼마나 민감하고 정교하게 만들어져야 하는지 짐작할 수 있을 것이다.

약재 살포 시스템은 크게 지상 약재 살포 시스템과 항공 약재 살포

| **그림 3.** 구름씨 뿌리기 비행실험과 지상실험 개념도 |

시스템으로 구분된다. 먼저 항공 약재 살포 시스템부터 살펴보겠다.

일반적으로 인공강우 비행실험은 항공기에 약재 살포 시스템을 장착하여 적합한 구름을 찾아 약재를 뿌리게 된다. 통상 항공 살포 시스템에는 아세톤에 녹인 요오드화은 용액을 연소시키는 연소기와 요오드화은이나 흡습성 물질의 연소탄 발사대(Racks)로 구성되어 있다. 연소탄은 한쪽 끝에서부터 발화되어 수초에서 수분 동안 연소가 진행된다. 이 연소탄들은 요오드화은 양을 필요에 따라 조절함으로써 여러 형태의 빙정핵을 만들 수 있다. 연소탄 발사대는 항공기 양 날개 끝이나 항공기 동체 아래 부분에 부착한다(그림 4).

한편 드라이아이스를 구름씨로 사용하는 경우의 살포 시스템은 조금 더 간단한데, 실험을 위해 개조된 항공기의 수하물 구획 바닥이나 비상용 좌석 근처에 있는 출입구를 통해 주로 살포된다. 직경 0.6~1센티미터, 길이 0.6~2.5센티미터 정도의 드라이아이스 입자는 완전히

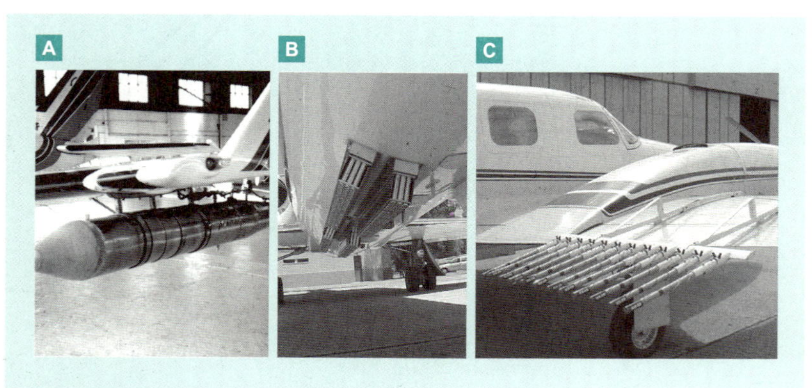

| 그림 4. 항공 살포 시스템: 항공기용 요오드화은이 녹은 아세톤 용액 연소기(A)와 항공기 동체 아래 부분에 설치된 요오드화은 연소탄 발사대(B)와 항공기 날개 부분에 설치된 장착기(C) |

승화(고체가 바로 기체가 되는 현상)되기 직전까지 약 1~2킬로미터 정도를 낙하하므로 구름의 위치와 낙하 속도 등을 정확하게 계산하여 실험해야 한다.

이런 항공 약재 살포 시스템 구축을 위해 사용되는 비행기는 다양하다. 전 세계적으로 엔진이 하나인 단발엔진 항공기부터 이보다 몸집이 크고 엔진이 두 개인 쌍발엔진 항공기까지 활용되고 있다.

인공강우 전용 항공기는 살포 시스템과 구름 관측 및 분석 장비 등을 탑재하여 수시간 동안 임무를 수행해야 하므로 여압(與壓, 기압이 낮은 고도를 비행하는 항공기 등에서 기내에 공기의 압력을 높여 지상에 가까운 기압 상태를 유지하는 일)이 되어야 하고, 구름 내 요동에도 충분히 견딜 수 있는 내구성을 갖춘 중대형 항공기가 선호된다. 현재 18인승의 킹에어(King Air) 기가 주로 비행실험에 사용되고, 가끔은 50인승 이상의 대형 항공기도 이용된다. 미 국립대기과학연구센터(NCAR, National Center for Atmospheric Research) 등에서 인공강우 및 대기과학 연구를 위해 사용하고 있는 킹에어 내외부에는 각종 구름물리(구름이 발생하여 그 구름 속에서 비나 눈 따위가 형성되는 과정) 및 대기과학 연구를 위한 관측 장비가 탑재되어 있으며, 관측 자료는 자동으로 수집·처리·표출·저장된다. 이런 관측 장비들은 실험의 성공률을 높이기 위해 필수적이다.

지상 약재 살포 시스템의 경우는 지상 연소기가 대표적이다. 연소기는 항공기 탑재 연소기와 마찬가지로 기본적으로는 요오드화은을 빙정핵으로 만드는 장치다. 요오드화은 입자들을 원하는 크기대로 정확히 생성시키기 위해서 다양한 살포 시스템이 고안되었는데 전기불꽃 연소기, 아세톤 용액 연소기, 지상용 연소탄 발사대 등이 그것이다.

전기불꽃 연소기는 요오드가 있는 은 전극에 전기를 흐르게 하여 요오드 입자를 생성한다. 그러나 가장 일반적인 지상 연소기는 아세톤 용액 연소기다. 일반적으로 1~5퍼센트 정도의 요오드화은이 아세톤 용액에 녹아 있다. 이 용액을 프로판가스로 연소시켜 에어로솔 상태의 요오드화은 미세입자를 살포한다.

지상 연소기는 수동이나 자동으로 운영되게 조절할 수 있다. 수동 지상 연소기는 주민들이 거주하는 상승 기류 효과가 있는 고도가 낮은 지역에 주로 설치되며, 중앙 관할관서의 기기 전원 명령(on/off)에 따라 사전에 교육받은 지역 주민들에 의해 운영되는 것이 통상적이다. 원격조정 지상 연소기는 지역 주민의 도움을 받을 수 없거나, 약재가 구름의 가장 높은 곳에 쉽게 도달할 수 있는 높은 고도에 설치할 때 이용된다. 발사대에 수십 개 연소탄을 장착하고 실험에 필요한 살포율로 연소탄들을 점화시켜 빙정핵 또는 응결핵을 살포한다.

이 외에도 사용되는 지상 약재 살포 시스템에는 로켓 및 대공포가 있다. 이는 지상과 항공 살포 시스템의 장점이 결합된 시스템이다. 러시아(구 소련)에서 개발되어 중국에서 가장 빈번하게 사용되고 있는 이 시스템은 요오드화은 분말을 담은 소형 로켓을 지상에서 2~3킬로미터 고도에 있는 구름 속으로 쏘아주어 분말이 자동으로 구름 속에서 연소되도록 개발되었다. 보통 10~20개 정도의 로켓이 신속하게 연속적으로 발사되도록 다중 발사 장치를 이용한다. 그러나 이 방법은 초기 비용이 많이 들며 화재 유발 등의 위험성이 있을 수 있다.

살펴본 것처럼, 개념은 간단하지만 인공강우 실험 과정은 그렇게 간단하지 않으며 매우 복잡한 변수들이 실험에 개입한다. 구름은 항상 이동하고 변화하며, 바람의 속도와 방향에 따라 구름씨 물질이 적절하게 살포되지 않을 위험도 있다. 살포 시스템의 오류로 구름씨의 크기나 살포 범위가 달라져서 실패할 수도 있다. 더구나 지역·지형적 특성에 따라 가장 효과적인 방법을 찾아내는 것도 쉬운 일은 아니다. 다만 오랜 시간 동안 반복되고 축적된 실험 결과들이 있어 기상조절 기술 중 가장 다양하고 정비된 하드웨어를 갖추고 있는 것은 분명하다.

안개 소산 이해하기

인공강우와 함께 대표적인 기상조절 기술 중 하나가 안개 소산 기술이다. 안개 소산 기술은 비구름보다 훨씬 작은 안개의 물방울(0.001~0.1밀리미터)을 인위적으로 소멸시키는 기술을 말한다. 안개는 태풍이나 허리케인, 가뭄과는 다르게 무서운 자연재해로 느껴지지 않는 것이 사실이다. 그러나 조금 진지한 시각으로 살펴보면 안개 역시 상황에 따라 현대 산업사회에 막대한 재앙이 될 수 있다는 점을 알 수 있다.

2006년, 서해대교에서 일어난 연쇄 추돌사고로 11명이 사망한 일이 있었다. 짙은 안개가 사고 원인이었다. 한강을 따라 뻗은 자유로에서도 지형적 특성상 안개 때문에 대형 연쇄 추돌사고가 빈번히 일어나고 있다. 목포공항은 잦은 안개에 따른 결항과 안전 문제로 인해 2007년에 폐쇄되었다. 해상안개 때문에 발생하는 유조선 침몰 사고 등은 항공기 사고를 뛰어넘는 재앙이 되기도 한다. 이처럼 오늘날 안개는 사회·경제 생활에 심각한 영향을 주고 있어 태풍이나 집중호우와 더불어 인간이 마음대로 다루고 싶어하는 대표적인 위험기상 현상이다.

특히 대형 사고로 이어지는 항공 안전 분야에서 안개 문제의 해결은 필수적이다. 더구나 전쟁 시에는 안개의 위험을 무릅쓰고 전투기가 이착륙을 해야 하기 때문에 군사 전략상 안개 소산 기술은 필수적인 것이다. 그러므로 기본적인 안개 소산의 목적은 항공기 이착륙장의 시정을 향상시키는 데 있다. 시정이란 우리가 흔히 일기예보에서 '가시거리(可視距離)'라고 말하는 것으로, 시정을 향상시키는 방법에는 안개 입자의 수를 유지하면서 입자의 지름을 줄이는 것과 안개 전체 질량은 유지하면서 안개 입자끼리 병합을 증가시키는 것 등이 있다.

안개 소산 기술을 공항과 고속도로 등에서 활용하면 시정 악화에 따른 사고의 위험성을 감소시킬 뿐 아니라 연료 비용 절약 및 시간 감축 등으로 사회·경제적으로 미치는 효과가 큰 것으로 보고되고 있다.

차가운 안개, 따뜻한 안개 없애기

안개는 기온에 따라 차가운 안개($0°C$ 이하의 안개)와 따뜻한 안개($0°C$ 이상의 안개)로 구분하는데 발생 원인에 따라 지표면의 복사 냉각에 의해 지면에 접한 공기가 냉각되어 생기는 복사안개, 차가운 지표면이나 해면 위를 이동할 때 밑에서부터 식어서 생기는 이류안개, 수면이나 빗방울 따위로부터 증발하여 생기는 증발안개 등으로 구분한다. 안개와 구름은 기본적으로 물질적 구성 자체가 같기 때문에 인공강우를 시도할 때 따뜻한 구름과 차가운 구름에 대한 구름씨 뿌리기 방법이 다른 것처럼 안개를 제거하는 방법 역시 차가운 안개와 따뜻한 안개가 다르다.

차가운 안개 소산 기술은 인공강우처럼 빙정핵 뿌리기 또는 급격한 온도 강하를 통한 과냉각 강화 방법으로 시행한다. 빙정핵 물질로는 역시 요오드화은을 많이 사용하며, 과냉각을 유도하는 물질로는 드라이아이스를 많이 사용한다. 그 밖에 액화질소, 액화탄소, 요오드화납 또는 요오드화나트륨(NaI)의 혼합물, 염화나트륨, 염화칼륨(KCl), 산화마그네슘(MgO) 화합물 등을 사용하는 실험연구도 진행되고 있다. 실제로 이러한 방식의 차가운 안개 소산 기술은 미국 미주리의 공항이나 이란의 고속도로에서 현재 사용되고 있다.

우리나라는 봄과 가을철에 안개가 많이 발생하나 기온이 영하인 경우는 거의 없기 때문에 따뜻한 안개가 대부분이다. 따라서 우리나라에 필요한 기술은 따뜻한 안개 소산 방법이다. 그러나 따뜻한 안개는 효과가 분명한 제거 방법이 없다(WMP report, 2000). 다만 현재 따뜻한 안개를 줄이기 위한 여러 가지 방안을 모색 중에 있는데, 가장 크게 주목받고 있는 기술로는 안개 입자를 비가 될 정도로 성장시키거나 반대로 증발시켜버리는 것 등이 있으나 효과는 크지 않다.

안개 입자를 성장시키는 방법은 흡습성 구름씨 물질을 이용한 인공강우 방법과 동일하다(Larry, 1971). 다만 인공강우와는 달리 짧은 시간 내에 안개를 줄이기 위해서 이온화 방법을 추가하는 등 보다 효과적인 방안을 모색하는 연구가 세계적으로 진행 중이다. 최근에는 따뜻한 안개를 비로 내리게 하는 데 전자기장을 활용하는 방법이 많이 연구되고 있다. 전자기장을 만들어주는 장치를 이온 제너레이터라고 부르는데(그림 5), 안개가 자욱한 지역에서 이온 제너레이터를 작동시키면 고전압의 전기가 발생하여 주위 대기 속 분자가 이온화된다. 이 이온들은 응결핵으로 작용하면서 물방울을 끌어당겨 응집시켜 빗방울로 떨어지게 한다.

이탈리아는 러시아에서 제작한 이온 제너레이터를 이용하여 베르나(Verna) 공항의 안개를 소산하는 실험을 실시하였는데, 실험 결과 가로 5미터, 세로 4.4미터의 장비를 가동했을 때 가시거리가 다섯 배 이상 늘어났다고 한다. 이론적 배경에 대한 실험 결과가 적은 상황이기 때문에 객관적 검증이 아직 부족한 실정이지만, 이온 제너레이터 방법은 새로운 대안 중 하나다. 적절한 따뜻한 안개 저감 방법을 찾는다면 엄청난 사회·경제적 효과가 기대되므로 최근 집중적인 연구가 진행되고 있다. 러시아, 일본, 중국 같은 기상조절 선진국들은 반복적인 연구와 실험이 가능하도록 체육관 넓이의 구름 실험실(chamber, 챔버) 등을 경쟁적으로 구비하며 안개 소산 실험에 열중하고 있다.

또 다른 따뜻한 안개 소산 방법은 비행기 엔진을 이용해 공기를 가열하여 소산시키는(thermal techniques) 것이다. 체르니코프가 제안한 이 가열 방식은 매우 직접적이고 확실하다. 그러나 이 방법은 같은 안개라 할지라도 적용하는 장소에 따라서 방법을 달리 적용해야 한다. 공항과 고속도로에서 요구하는 시계(시야)의 넓이와 높이 등이 달라서 같은 기술을 적용하기 어렵기 때문이다. 또한 많은 운영 비용이 필요하다.

공항에서는 항공기의 이착륙을 전제로 하기 때문에 안개를 소산해야 하는 지역이 길고 높아야 한다. 또한 공항에서는 장비를 고정적으로 배치하여 안개 발생 시마다 가동해야 한다. 그러나 시계 고도가 크지 않아도 되는 고속도로에서는 일직선이 아닌 도로의 특성상 장비가 이동식이어야 하거나 긴 거리에 다수의 장비를 설치해야 하는 어려움이 있다.

이 기술의 단점은 풍향에 따라 원하는 지역의 안개가 소산되지 않는 경우가 발생하고 탄소화합물의 연소로 발생하는 수증기에 의해 안개가 더 짙어질 수 있으므로 추가적인 가열이 필요하여 그만큼 효율이

| 그림 5. 고속도로와 공항에서 쓰이는 안개 소산 장치: 이동식 이온 제너레이터(A, B) |

떨어진다는 점이다.

이 기술은 프랑스 드골 공항과 미국 LA 공항에서 실용화하려고 하였으나 앞서 기술한 단점과 비용 때문에 현재는 사용하지 않고 있다. 우리나라와 같이 삼면이 바다인 이탈리아는 러시아와 공동 연구를 지속하고 있고, 민간기업의 실용화 노력도 계속되고 있다.

구름과 물리적 구성이 다르지 않은 안개인데 왜 인공강우 기술을 그대로 적용하는 것이 어려울까? 그것은 발생 위치가 지상이라는 점 때문이다. 안개는 구름처럼 하늘 높이 떠 있는 게 아니라 복잡한 지상의 지형을 따라 퍼져 있는 경우가 많아서 그 효과가 단일하고 광범위하게 적용되지 않는다. 따라서 안개 소산 기술에는 다양한 방법이 필요하지만 이를 위해서는 많은 비용과 시설 투자가 이루어져야 하기 때문에 실용화하기에 매우 어려운 면이 있다.

전 세계적으로 안개 소산 기술에 대한 필요성은 크게 인식되지 않는 가운데 아직까지 실험에 성공한 사례가 인공강우 기술에 비해 그리 많지 않다. 특히 즉각적인 효과가 있는 전자기장 활용 방법과 가열 기술은 시스템 작동 시에만 안개 소산 효과가 나타나고 시스템을 정지시키면 다시 안개가 몰려오는 현상이 일어난다. 보다 확실하게 안개를 제거하기 위해서는 보다 큰 전자기적 영향력이나 강한 열에너지가 필요할 것으로 보이며, 당연히 비용 대비 효율적인 측면에서 아직 사용하기에는 부족하다.

따라서 이런 여러 기술을 효과적으로 활용하여 실제로 안개 소산을 가능케 하려면 지역별로 발생하는 안개의 유형을 분석하는 일 등이 선

행된 후 이를 토대로 경제적 효율성을 고려한 방법을 적용하는 것이
필요하다. 물론 안개 소산의 기초 기술 및 원천 기술 개발에 대한 투자
도 필요하다. 안개 소산 기술에 대한 이러한 투자는 향후 교통, 군사
등의 분야에서 선도적 위치를 확보하게 만들 것이다.

왜 기상조절 기술이 필요할까?

비를 내리고 안개를 없애는 일이 도대체 우리에게 얼마나 중요한 일이 된 것일까?

우선 수자원에 대해서 생각해보자. 오늘날 세계는 산업 발전과 경제 규모의 지속적 확대에 따라 물 수요가 급격히 증가했다. 안정적이며 지속적인 물 공급은 이미 전 세계적인 화두다. 단순히 식수나 농업용수에 한정된 이야기가 아니다. 공업, 생활 용수의 소비 또한 급격히 증가하고 있다. 일반적인 수자원 확보 대책으로는 댐 건설, 지하수 개발, 해수 담수화 등의 방법이 있으나 비용이 많이 들고 이에 따라 발생하는 환경 문제를 안고 있다. 인공강우의 경우는 이러한 논란에서 비켜

서서 환경 문제를 최소화하며 비교적 적은 비용으로 수자원 확보를 가능케 하는 방안이 될 수 있다.

수자원을 형성하는 기본적인 요소는 강수량이다. 즉 비나 눈이 많이 오느냐 아니냐에 따라서 한 나라의 수자원이 결정된다는 말이다. 그래서 모든 나라가 강수량에 민감하다. 우리나라의 경우 최근 3년간 기후 변화로 인해 태풍 등 집중호우가 증가하여 연평균 강수량은 증가하고 있으나, 겨울부터 봄까지는 강수량이 오히려 감소하고 있는 실정이다. 우리나라 5대 주요 지점(서울, 부산, 대전, 광주, 강릉)을 대상으로 과거 20년 대비 최근 3년간(2005~2007년)의 연평균 강수량은 4.9퍼센트 증가하였으나, 1~4월간은 7.8퍼센트 감소했다. 이러한 겨울-봄 가뭄 심화 추세는 강원도 지역 등을 비롯한 지역별 가뭄을 매년 발생시키고 있으며 전국적인 가뭄 또한 4~5년 주기로 발생하게 만들고 있다..

이렇게 좋지 않은 기후 변화 속에서 국내에서 시도하고 있는 기상조절 프로젝트의 하나인 태백산맥 인공증설을 살펴보자. 강원도의 인공증설이 성공할 경우 다양한 효과를 기대할 수 있다. 강원도에서 수도권까지 필요한 수자원 확보는 물론, 강원 지역의 겨울철 산불 대비를 할 수 있으며 지역경제 발전까지 기대할 수 있다. 인공증설에 의해 자연설이 증가한다면, 겨울철 레저산업으로 자리 잡은 스키장의 경우 인공눈을 뿌리는 비용을 감소시킬 수 있으며 더 많은 관광객을 유치할 수 있다. 기상조절을 통한 수자원 확보가 지역경제까지 영향을 줄 수 있는 것이다.

아직은 성과가 미흡하지만 조금 더 진보된 기상조절 기술이 실용화된다면, 국내로 진입하는 집중호우가 우리나라를 강타하기 전에 서해안이나 남해안 앞바다에 미리 내리게 하여 피해를 줄이거나, 안개가 자욱한 날 착륙하지 못하고 상공에서만 맴돌던 비행기를 다른 곳으로 우회시키지 않고 정상 착륙시키는 일이 가능해질 것이다. 뿌연 매연으로 가득한 상공에 비를 뿌려 더러워진 공기를 깨끗하게 할 수도 있다. 이처럼 기상조절 기술은 우리가 하늘만 보고 원망하던 가뭄, 대기오염, 안개 등의 위험기상의 재해를 스스로 낮추고 조절할 수 있게 해준다.

기후와 기상에 대한 인간의 가장 오래된 욕망은 '예측과 조절'이다. 내일 날씨가 맑을지 비가 올는지 알아내서, 만약 비가 올 예정이라면 대비하거나 비가 오지 않도록 조절하는 것이다. 이것은 인간의 오래된 꿈이다. 이것이 모든 기상현상에 대해 가능하다면 자연재해의 불가항력적인 공포에서 벗어날 수 있으며 궁극적으로 이러한 기상현상들 때문에 발생하는 경제적 피해를 상쇄하고, 나아가 국가 차원에서 새로운 경제적 이익을 창출하도록 기회를 만들 수도 있다.

그러나 현재 우리의 수준은 여전히 예측조차 쉽지 않은 상황이다. 조금 비관적으로 말하자면, 일기예보는 겨우 24시간 전에 확률적인 가능성만 제시할 뿐이고, 더구나 기상조절이란 그저 이미 있는 비구름에 약간의 자극을 주어 좀 더 많은 비를 내리게 할 수 있을 뿐이다. 맑은 하늘에 구름을 만들고 비를 내리게 할 수 있는 것은 아닌 것이다. 그래서 혹자는 아직 기상조절은 시기상조며, 나아가 기상관측이나 예측 시스템에 대한 연구조차 미흡한 상황이라는 점을 강조하기도 한다. 매년 지구 전역에서 막대한 피해를 초래하는 태풍과 토네이도의 발생이나 진로 예측조차 제대로 하지 못하는 형편에 '조절'은 지나친 오만이라는 주장이다.

1996년에 제작된 영화 〈트위스터〉에서는 토네이도가 등장한다. 그리고 그 토네이도에 맞서 싸우던 과학자들이 결국 마지막에 하는 일이 토네이도 속으로 계측장비를 올려 보내는 일이었다. 장비 이름은 '도로시(Dorothy)'. 『오즈의 마법사』에서 회오리바람에 날려 신기한 나라로 갔던 여주인공의 이름에서 따온 것이다. 수많은 도로시가 토네이도 안으로 날아오라 계측신호를 보내는 장면이 마지막이라는 것이 조금 싱겁게 여겨졌는데, 토네이도를 잠재울 대단한 기술이나 작전이 아니라는 점에서 의미심장하기도 했다. 조절하고 관리할 수 없는 자연과 하늘에 대한 진지한 도전의 마음이 느껴졌다고나 할까. 어쩌면 기상조절이라는 화두를 접하는 우리의 자세는 이렇게 시작해야 하는 것인지도 모른다. 하늘에 대한 과도한 기술적 자신감을 갖는 것이 필요한 시점은 아닌 듯하다.

인간에겐 기상조절에 대한 필요와 욕망이 있다. 그것을 위해 알아야 할 것, 해결해야 할 많은 문제가 아직 남아 있다. 지금은 그저 개념과 원리의 기본적인 얼개를 알아낸 것뿐이고, 이제 시작 단계라고 봐야 할 것이다. 진지하고 겸손한 마음으로 하늘과의 대화를 이제 막 시작하려는 것뿐이다.

기상조절의 역사

WEATHER MODIFICATION

1. 조절일까, 조작일까?

2. 전 세계는 지금 기상조절 중

3. 우리나라의 기상조절 연구는 어디까지 진행되었을까?

조절일까, 조작일까?

대기압을 발견한 토리첼리

기상학의 역사를 거슬러 올라가면, 고대로부터 전해오는 날씨에 관한 속담에 도달하게 된다. 하늘의 기색을 살피며 날씨를 예측하던 관천망기(觀天望氣)의 시기에는 대체로 경험적인 사실들을 통계적인 언급으로 정리하는 수준이었다. 예를 들자면 '제비가 낮게 날면 비가 온다', '아침 무지개는 비가 올 징조, 저녁 무지개는 날씨가 갤 징조' 등 우리에게도 익숙한 속담들이 그렇다.

하지만 이런 속담들을 그저 비과학적인 경험주의라고 무시할 수만은 없다. 비가 올 무렵 제비가 낮게 나는 것은 대기 중에 수증기가 많아지고 대기가 불안정해져 높은 상공을 비행하기 힘들고, 주식으로 삼는 곤충들도 습기 때문에 낮게 날아다니기 때문이다. 그러므로 '제비가 낮게 날면 비가 온다'라는 말은 과학적으로 근거가 있는 속담이다. 무지개 속담도 마찬가지다. 수증기나 빗방울이 햇빛에 굴절해 나타나는 무지개는 항상 태양의 반대쪽에 나타난다. 그러므로 아침 무지개는 서쪽에, 저녁 무지개는 동쪽에 수증기나 빗방울이 많다는 뜻이다. 우리나라의 경우 통상 대기의 흐름이 서쪽에서 동쪽으로 흐르니 이것으로 비가 올 확률을 예측하는 것이 부분적으로 가능하다.

이런 날씨 속담들이 동서양을 막론하고 흔한 이유는 이미 오래전부터 인간은 날씨에 매우 민감할 수밖에 없었기 때문이다. 특히 농경사회로 진입하면서부터 인간에게 날씨는 단순한 관심의 의미를 넘어서는 삶의 필수불가결한 요소가 되었고, 때문에 경험적 방식으로라도 예측하고자 하는 욕망이 강해질 수밖에 없었던 것이다. 이런 기초적이고 일상적인 필요와 욕망이 기상학의 출발점이라고 할 수 있다.

문헌에 의하면, 그리스에서는 기원전 6세기부터 풍향 관측이 이뤄졌고 기원전 5세기부터는 기후에 관한 저서들이 나타났다고 한다. 전적으로 인간의 눈에 의지하여 날씨를 예측하던 중세의 목측기(目測期)를 지나 본격적인 의미에서 '기상학(meteorology)'의 개념이 정립되기 시작한 것은 15~16세기였다. 특히 유럽에서 기상에 대한 과학적 발견과 연구가 활발했다.

1597년 갈릴레이는 최초의 온도계라고 할 수 있는 공기온도계를 발명했고, 1642년 토리첼리(Torricelli)는 공기에도 압력이 있음을 발견하여 처음으로 기압에 관한 개념적인 정리를 시도했다. 이탈리아의 물리학자이자 수학자였던 토리첼리는 갈릴레이 말년의 비서 겸 조수이자 제자였는데, 기압의 존재를 발견한 토리첼리와 갈릴레이에 관해서 재미있는 일화가 하나 전해진다.

1640년 이탈리아 토스카나 대공이 성 안의 뜰에 우물을 파도록 명령했는데, 지하수가 쉽게 발견되지 않아 일꾼들이 지하 12미터까지 파내려가서야 겨우 물을 찾아냈다. 그리고 펌프의 관을 내려 물을 끌어올리려 했지만 이상하게도 펌프가 물을 전혀 끌어올리지 못했다. 펌프에는 아무 이상이 없었다. 토스카나 대공은 이 문제를 당시의 유명한 과학자였던 갈릴레이에게 문의했다. 이 문제를 연구하던 갈릴레이는 우물의 깊이와 관련이 있는 게 아닐까 하는 생각에 이르렀고, 우물의 깊이가 10미터를 넘으면 지하수를 끌어올리는 것이 불가능하다는 것을 밝혀냈지만 더 이상 연구의 진전을 이룰 수 없었다. 그는 이미 늙고 병들었던 것이다.

갈릴레이는 결국 이 문제의 해결을 확인하지 못한 채 2년 후 세상을 떠나고 말았고, 숙제는 토리첼리의 몫이 되었다. 토리첼리는 스승의 당부에 따라 연구를 계속했다. 실험실에서 간단하게 조작할 수 있는 실제 우물과 같은 환경을 만들기 위하여 10미터나 되는 펌프의 긴 관을 1미터의 유리관으로 대체했고, 물보다 13.6배나 무거운 수은을 사용했다. 1942년, 마침내 토리첼리는 공기의 무게와 압력인 '대기압'이 존재한다는 것을 세계 최초로 밝혀냈다. 대기압의 발견과 수은 막대

공기도 무게와 압력이 존재했어!
기상학의 큰 업적인 대기압 발견이군!

실험은 현대적인 기상학 성립에 중요한 진전을 이룬 업적으로 평가된다. 이렇듯 자연현상에 대한 과학적 탐구와 연구방법론의 성장은 기상학에도 급격한 발전을 가져오게 되었다.

기상학의 범위는 계속 확대되었다. 1664년 파리에 최초로 측우소(測雨所)가 설치되어 과학적 기상관측을 시작했고, 1820년에는 독일의 브란데스(Brandes)가 바람과 기압을 일기도에 기입하여 현대적 기상도의 개념을 처음 고안했다. 본격적인 최초의 기상도는 1800년대 중반 위르뱅 르 베리에가 예보를 위해 기상에 관한 보고서들을 모아 작성한 일기도로 알려져 있다.

19세기까지는 기상학의 기초를 설명하는 개념과 관측 방법에 관한 연구가 왕성하게 이루어졌다. 1886년, 우리나라에도 최초로 간이 기상관측소가 설립되었다. 하지만 세계기상기구라는 독립적인 국제기구가 설립된 것은 20세기도 한참 지난 1951년이었다. 1960년에는 최초의 기상위성이 발사되어 기상학의 새로운 전기가 마련되었다.

이런 연보 수준에서 간단하게 살펴본 '기상학의 역사'는 근본적으로 '기상 예측의 역사'임을 알 수 있다. 모든 과학이 인간을 둘러싸고 있는 자연현상을 이해하고자 하는 욕망에서 시작되었듯이, 기상학 역시 날씨와 자연의 이해할 수 없는 상황의 근원을 알고자 하는 데에서 비롯되었다. 그러나 20세기 들어 점차 기상학은 '예측'을 넘어 '제어'의 문제로 발전하기 시작했다. 그것이 바로 오늘날 우리가 '기상조절'이라고 부르는 영역이다.

미국은 하늘을 조작했다?

기상조절 문제는 초기에 주로 군사적 목적과 연관되어 각국에서 비밀리에 수행되는 바람에 '조절' 보다는 '조작' 이라는 말로 표현되곤 했다. 가끔은 음모론으로 치부되기도 하는 이런 조작 논란의 중심에는 20세기의 초강대국 미국이 자리하고 있다.

그 중 대표적인 것이 1963년 미 국방부가 통신막을 형성하기 위해 약 3,700킬로미터 상공에 길이 1.78센티미터의 머리카락 같은 구리바늘을 4억 8,000만 개 살포한 일이다. 일명 '바늘작전(Project Needles)' 이다. 당시 원거리 무선통신은 대기 중의 전리층(電離層, 태양 복사에 의하여 이온화된 대기의 층)의 전파반사를 이용했는데, 미 국방부는 이 실험이 공중에 인조 전리층을 형성해서 통신의 일관성을 유지해보려는 노력의 일환이라고 설명했다. 물론 통신위성 이전 시대의 이야기다.

원래 지구의 자연적인 전리층은 태양의 흑점 활동 등에 영향을 받아 심각하게 변화하는데, 이에 따라 원거리 무선통신이 너무나 큰 불편을 겪는 경우가 많았다. 미 국방부는 두께 10킬로미터, 폭 40킬로미터 정도의 인조 전리층 띠를 공중에 만들어서 통신전파의 안정적인 반사를 시도했던 것이다. 안정적인 통신전파의 확보는 군사작전에 있어서 매우 중요했다. 미국은 항상 미국 밖에서 일어나는 전쟁을 치렀고, 미국 밖에 있는 군대와 원활하게 통신하는 것은 군사작전의 핵심적인 문제였다. 만약 이 실험이 성공하면 미국은 더 많은 구리바늘을 하늘에 뿌리려는 계획을 갖고 있었다. 하지만 결국 이 계획은 전리층 왜곡을 경계한 국제천문학자연맹의 반대에 부딪혀 폐기되었다. 하지만 20세기 하늘을 향한 미국의 도전은 이때부터 시작되었다.

1958년에는 과학자 밴 앨런(Van Allen)이 발견한 자기층이 화제가 되었다. 지구 대기권을 훨씬 더 지나 수천 킬로미터를 올라가면 지구의 자장 때문에 갇혀 있는 전기적 성질을 지닌 입자들로 구성되어 있는 층이 형성되어 있다는 것이다. 그의 발견으로 인해 자기층이란 용어가 생겼고 그 바깥쪽에 있는 방사능 띠를 '밴앨런 방사능대'라고 불렀다. 이 중대한 발견이 있은 후 미국 국방부에서는 1958년 8~9월에 세 번의 핵실험을 진행했다. 이른바 '아구스 작전'이었다. 이후 1962년 7월 9일에는 1958년에 실행된 아구스 작전보다 1,000배 이상 강력한 핵실험을 대기권 상층부에서 실행되었음이 밝혀졌다. 이른바 '스타피쉬 작전'이다.

미 국방부는 이런 일련의 고공 핵실험을 통해 핵폭발이 전리층에 어떤 변화를 일으키는지 파악하고자 했다고 밝혔다. 이에 대해 일부 과학자는 미국의 고공 핵실험으로 지구 대기층에 새로운 자기장층이 형성되거나 자장의 세기가 급격히 강해지는 결과를 불러왔다고 비판했다. 실제로 7,000~1만 3,000킬로미터 상공의 자기층에 세 개의 새로운 방사능대가 만들어졌다는 조사 결과가 제시되기도 했고, 인공위성과 우주선들이 이 비정상적인 자기장대의 형성으로 파괴되거나 고장을 일으키는 사고가 발생했다는 주장도 나오고 있다.

냉전시대에 미국을 중심으로 시행된 이런 일련의 군사적 목적의 실험들은 다양한 음모론을 생산했다. 특히 달 착륙이나 인공위성 등으로 시작된 우주탐사가 경쟁적 현실화되면서 사람들은 인간이 하늘과 우주에 대해 과학적으로 해명하고 이용할 수 있게 되었다고 믿게 되었고, 미국이 하늘을 조작하고 있다는 믿음 역시 강하게 갖기 시작한 것이다.

하프, 날씨 측정기인가 군사무기인가

냉전시대를 풍미했던 이런저런 기상조작에 관한 이야기나 음모론들은 최근 들어 좀 더 무시무시한 블록버스터 영화급으로 발전했다. 그 대표적인 예가 바로 '하프(HAARP, High Frequency Active Auroral Research Program)' 다.

이 이야기는 1984년 애틀랜틱리치필드 사(ARCO, Atlantic Richfield Company) 소속 연구소 소장으로 있던 버나드 이스트룬드(Bernard Eastlund) 박사가 '지구의 대기, 전리층과 전자층의 부분적 변환 방법 및 기구' 에 관한 특허를 획득하면서 시작된다. 애초 이 연구의 목적은 석유나 천연가스를 찾는 것이었다고 한다. 이스트룬드 박사는 비행기에서 30와트의 출력으로 전파를 전리층에 반사시켜 땅에 쏘면서 알래스카는 물론 전 세계의 석유 및 천연가스의 매장 상태를 조사했다. 그런데 이 특허와 관련된 연구가 미국 정부와 국방부로 넘어가면서 기후조작을 이용한 군사무기로 돌변했다는 것이 이스트룬드 박사의 주장이다.

실상 하프는 약 230~260만 제곱미터 되는 땅에 대형 안테나 180개가 설치되어 있는 것이 그 실체다. 흔히 볼 수 있는 변전소 같은 외양으로 안테나는 가로 12줄, 세로 15줄로 가지런히 정렬되어 있다. 수평으로 설계된 이 십자형 안테나의 원래 명칭은 '전리층연구기구(IRI, Ionosphere Research Instrument)'라고 한다. 미 국방부는 세계에서 가장 강력한 초단파 송신 안테나로 알려진 이것을 이용해서 우리가 들을 수 있는 라디오 방송 같은 통신 연구는 전혀 하지 않고 마치 전자레인지가 전자파로 냉동육을 녹이듯이 전리층의 한 영역을 뜨겁게 가열하는 실험을 하고 있다는 주장이 지속적으로 제기되고 있다.

얼마 전 이스트룬드 박사와 옛 하프 과학자들은 TV에 출연해 일반인에게는 '전자파로 날씨를 측정하는 장치'로 알려져 있는 하프가 실질적으로는 '가공할 만한 힘을 가진 인공 자연재해 발생 장치'라는 사실을 폭로하였다. 영국의 BBC 방송은 2004년 동남아를 강타했던 쓰나미는 단순한 자연재해가 아니라 하프가 의도적으로 일으켰거나, 적어도 군사실험 중 발생한 실수의 결과였을 가능성이 있다고 주장했다. BBC는 그 의혹의 근거로 미국 유일의 인도양 미군기지인 '디에고 가르시아'는 당시 지진의 진앙지 부근이었음에도 그 어떤 피해도 입지 않았으며, 당시 미군 4,000여 명이 미국 지질해양국의 사전 경고를 받고 대피했다는 점을 들고 있다.

물론 하프와 미 정부는 공식적으로 이러한 의혹에 대해 반박하고 있다. 하프의 목적은 어디까지나 대기권 외곽의 전리층을 연구하는 것이며, 기후조절이나 기후 무기화, 심지어 위성이나 미사일을 격추시키기 위한 프로젝트라는 주장과는 전혀 무관한 연구시설이라는 것이다. 무선통신에 큰 영향을 끼치는 전리층에 대한 연구와 인공위성에 영향을 미치는 방사선을 가지고 있는 밴앨런대에 대한 연구가 하프의 주요한 존재 이유라는 설명이다.

그러나 하프 반대론자들이 제기하는 의혹과 음모론은 계속 확산되고 있다. 1996년 6월 17일에 공개된 미 공군의 '2025년 기후를 소유하다: 획기적 군사력 수단으로서의 기후'라는 제목의 보고서 같은 것들이 군사적 기후조작 논란을 더욱 증폭시키고 있기 때문이다. 통상 '에어포스Air Force 2025'라고 불리는 이 보고서에는 현재 연구개발 중인 과학기술을 총망라해 군사적 전투 목적으로 전환시킨다면 2025년 미 공군은 기후를 말 그대로 '소유'할 수 있으며, 과거에는 불가능하게 여겼던 새로운 전투 기능을 확보하게 될 것이라는 내용이 담겨 있다. 몇몇 음모론자는 보고서 내용의 핵심에 바로 하프가 있으며, 이는 곧 미국에 의한 인공지진, 태풍의 무기화가 가시화될 구체적인 계획이라고 경고하고 있다.

비를 만들기 위한 노력

앞서 살펴본 미국을 중심으로 한 '조작'과 '무기화'에 대한 음모론들이 말해주듯이 기상조절은 경제·공익적인 가치와 가능성을 넘어 첨예한 정치·군사적 논란까지 포괄하는 영역이다. 우리의 주제에 집중

하자면, 사실 '조작'이냐 '조절'이냐는 논쟁에 어떤 결론을 제시하는 것은 중요하지 않다. 단지 이런 논란들을 통해서 역사적으로 '기상조절' 문제는 우리가 알고 있는 이상의 의미를 내포하고 논의되어 왔으며, 지금도 국가적 차원에서 비중 있게 다뤄야 할 문제라는 것을 확인하는 과정이 필요할 뿐이다. 오늘날 기상조절이라는 화두는 단순히 가뭄을 이겨내기 위해 비를 내리는 차원을 넘어 지속적으로 인류의 환경을 바꾸고, 나아가 우리가 원하는 환경으로 바꾸어나간다는 의미를 지니고 있다. 기상조절 기술은 인류의 미래를 바꿀 만한 잠재력을 가진 미래 지향적 과학이기도 하거니와 이미 오랫동안 진지하게 연구되어 온 매우 중요한 과학기술의 한 분야다.

선사시대부터 인류는 하늘의 천변만화(千變萬化)를 신의 조화라고 생각했다. 물론 사람들이 비바람과 천둥벼락만을 두려워한 것은 아니다. 원시신앙인 애니미즘이 모든 자연현상과 사물에 영혼이 있다고 믿은 것도 당대의 지식과 과학으로는 설명할 수 없는 자연 일반을 이해하는 방식 중 하나였다. 하지만 닿을 수 없는 하늘에는 신이 있고, 비를 내리는 것은 신의 뜻이며 능력이라는 오랜 믿음은 그 오랜 역사만큼이나 인간의 질투와 욕망을 키워왔다.

인간은 늘 신의 능력을 탐내왔다. 그리고 신의 능력을 모방하려는 노력도 계속 해왔다. 기독교가 지배했던 중세 영국에서는 마을에 있는 모든 교회가 종을 동시에 두드려서 그 소리가 대기를 흔들어 비가 오도록 하는 실험을 시도했다는 기록이 있을 정도다. 근대에 이르러서는 20세기 초반 미국의 텍사스에서 구름 속으로 (일반적인) 로켓을 쏘아

올려 인공적으로 비를 내리려 했던 것이 가장 그럴듯한 시도였다.

과학적으로 인정받는 인공강우 기술의 역사는 60년이 채 되지 못한다. 최초의 인공강우(설) 실험에 성공한 나라는 역시 미국이었다. 1946년 미국 제너럴일렉트릭 사의 빈센트 쉐퍼 박사는 실험 중에 과냉각된 안개로 가득 차 있는 냉장고 속에 드라이아이스 파편을 떨어뜨려 수많은 작은 얼음 결정들이 형성되는 것을 확인했다. 여기서 힌트를 얻은 그는 그해 최초로 비행기를 이용한 인공강설 실험을 시도했다.

1964년 11월 13일, 뉴욕의 한 교외에 있는 비행장에서 쉐퍼와 랭뮤어(Langmuir)를 태운 경비행기가 이륙했다. 메사추세츠 주의 버크셔(Berkshire) 산맥 근처에서 4킬로미터 높이의 두꺼운 고적운(높은 하늘에 크고 둥글둥글하게 덩어리진 구름으로 보통 2~7킬로미터 상공에 나타남)을 발견한 그들은 3파운드의 드라이아이스를 뿌렸다. 약 5분이 지나자 구름은 눈송이로 변해 떨어졌다. 이것이 기상조절의 역사에 기록된 성공적인 첫 실험이었다.

인공강우 실험은 소비에트 시절의 러시아에서도 적극적으로 진행되었다. 러시아가 인공강우 및 비구름 제거 기술을 개발하게 된 것은 1930년대로 거슬러 올라간다. 당시 스탈린은 국방 및 기상과학의 기술 강화를 위해 기후 통제 기술 개발을 지시했고, 1932년 세계 최초로 인공비연구소(IAR, Institute of Artificial Rainfall)가 설립되었다. 그러나 실제로 실험에 처음 성공한 것은 미국보다 늦은 1948년이었다.

1947년 버나드 보네거트는 요오드화은이 얼음 결정과 비슷한 구조라는 데 착안하여 그것이 인공강우(설)용 '구름씨' 물질로 적당하다는 사

얼음결정이
만들어지는군.
눈을 만들
수 있겠어!

실을 알아냈다. 이후 그는 요오드화은 연소탄을 개발해 비행실험에 성공했다. 이 실험을 계기로 1950년대와 1960년대에는 세계 곳곳에서 이를 응용한 다양한 실험들이 진행되었는데, 1950년 미국에서는 기상조절 분야의 연구를 전담하기 위한 기상조절협회(Weather Modification Association)가 창설되었다.

한편 1970년대에 들어서는 기상조절에 대한 반대 여론이 형성되기 시작했다. 반대 이유로 확실한 과학적인 기초 연구 없이 인공강우(설)의 효과에 대해 과대하게 선전하고 있다는 주장이 제기되었다. 일각에서는 인간이 자연현상인 기상을 조절하려고 시도하는 것이 오히려 재앙을 키우는 일이라는 종교적·환경론적 주장을 펴기도 했다. 결국 1980년대에 들어서면서 기상조절에 대한 연구비 지원이 점차 감소하게 되었고, 그에 따라 그 열기가 급격히 식었다. 하지만 1990년대 들어 지구온난화현상과 엘니뇨 등의 이상 기후 대두로 가뭄 지역이 확대되면서 다시 한 번 인공강우(설)에 대한 관심이 촉발되고 있다.

1980년대 중반을 기점으로 인공강우(설) 실험은 순수한 연구보다는 상업성을 고려한 실험이 더 많이 실시되고 있다. 통계에 의하면, 인공강우(설)는 평균 10~20퍼센트의 강수 증가 효과가 있는 것으로 분석되고 있다. 현재는 미국, 멕시코, 오스트레일리아, 태국, 러시아, 중국, 아르헨티나, 그리스, 남아프리카 공화국 등 세계 33개국에서 인공강우(설)로 수자원을 확보하거나, 가뭄 예방을 위해 정부나 주 정부의 주도하에 연구 프로그램을 수행하고 있으며, 일부 국가에서는 인공강우(설) 시행 전문 용역회사가 생겨났을 정도로 실용화되었다.

　인공강우(설)의 상업적 목적이 확대되면서 이런 논란들은 방향을 달리하여 확대 재생산되거나 심화되고 있기도 하다. 우선 인공강우(설)의 실질적 효과를 측정하기가 매우 어렵다는 점이 문제다. 직접적으로 수행된 인공강우(설) 기술을 통해 얼마나 더 많은 비가 왔는지에 대한 평가가 통계적 수치밖에는 나오지 않기 때문에 그 비용 대비 효과가 적절한지 논란의 소지가 있는 것이다. 실제로 인공강우(설) 기술을 통해 지역적으로 늘어나는 강수량은 통계상 10~20퍼센트 안팎으로 나타나지만, 자연증가분에 대해서는 확실한 측정방법이 없어 실제 증가량에 대해서 의문을 표하는 사람들도 많다. 더 나아가 인위적인 조절이 가능하다면, 과연 장기적인 관점에서 아무런 환경적인 문제가 없는지도 논란이다. 예를 들자면 8월 한 달의 가뭄을 극복하기 위한 인공강우 시도가 12월의 냉해를 촉발하거나 9월의 태풍 피해를 강화시킬 수 있는 가능성에 대한 연구는 아직 확실한 결과를 얻지 못하고 있기 때문이다. 무차별한 상업적인 실험 강행은 예상치 못한 재앙을 불러일으킬 수 있다는 주장이다. 비관론자들의 경우 기상 예측이나 조절을 무의미한 것으로 보는 경우도 있으며, 인위적인 조절이 궁극적으로 환경 전반에 막대한 해를 입히고 마침내 인류에게 치명적인 결과를 가져올 것이라고 주장하기도 한다. 이러한 논란을 볼 때 '기상조절'이라는 과학기술은, 가장 확실한 연구 성과와 검증을 거친 대표적인 분야인 인공강우(설)조차도 아직 해결해야 할 수많은 문제를 가진, 이제 막 걸음마를 시작한 과학기술이라는 점을 인정해야 할 것이다.

드라이아이스부터 전기가스까지, 안개 소산의 역사

상징적인 의미에서 '비를 내리게 하는 것'은 기상조절을 대표한다. 하지만 문헌상으로는 안개를 제거하려는 시도, 즉 안개 소산이 인공강우(설)보다 좀 더 앞서 나타났다.

기록상 가장 먼저 등장하는 안개 소산 실험은 1930년대 네덜란드 왕립연구소에서 시도되었다. 물리학자 페어라트(Veraat)는 드라이아이스를 이용해 안개를 흩어지게 하는 야외실험을 시도했다. 이후 스웨덴의 베르게론과 독일의 핀다이젠은 1933년과 1935년, 두 번에 걸쳐 드라이아이스를 공기 중에 뿌려주면 차가운 안개 속 입자들이 빙정이 되어 땅으로 떨어진다는 것을 이론적으로 증명했다.

1938년 미국 MIT의 휴튼(Houghton)은 오늘날 옷장 속에 넣어두는 습기제거제 성분인 염화칼슘을 이용해 안개를 제거하는 실험을 했다. 그 후 1942년 제2차 세계대전 중 영국은 공군비행장에서 연료를 연소시켜 나오는 열로 안개를 가열하여 소산시키는 운영시스템(FIDO, Fog Investigation Dispersal Operation)을 가동하기도 했다. 이는 최초로 열가열 방법(thermal method)을 안개 소산 실험에 적용한 것으로, 그 결과 비용이 엄청나게 들고 연료 연소에 의한 스모그가 심하다는 단점이 드러났으나 효과는 비교적 양호하여 전쟁 시에 사용되기도 하였다.

표 2는 다양한 방법을 이용한 안개조절 역사를 간략히 보여준다. 연구초기 드라이아이스를 이용한 안개 소산 기술은 인공강우 기술과 별반 다

1910~1930년	비행기에서 전자기적 성질을 띤 모래를 낙하하여 안개 소산
1935년	흡습성 물질(염화칼슘)을 이용하여 안개 소산: MIT의 헨리 휴스턴
1946년	비행기에서 드라이아이스를 낙하하여 안개 소산: GE의 빈센트 쉐퍼
1946~1953년	제2차 세계대전 중 FIDO(Fog Investigation and Dispersal Operation) 실시
1969년	요소 등 신물질을 이용한 따뜻한 안개 소산
1970~1980년	새로운 안개 소산 장치(레이저빔, 열기구, 마이크로파 장치 등) 개발
1973~1988년	신 FIDO 실시, 제트엔진의 뜨거운 바람을 이용한 안개 소산 시스템
1984년	열역학 에너지를 이용한 안개 소산 기술 개발
1986년	전기가스 역학시스템을 이용한 안개 소산

르지 않았다. 사실 구름이나 안개는 단지 지표면 근처에 있느냐 아니냐 하는 차이가 있을 뿐 서로 다른 기상현상이 아니다. 따라서 구름에서 비를 내리게 하는 인공강우 기술이 안개를 제거하는 데에도 유효할 수 있다.

하지만 인공강우와 동일한 방법으로는 모든 안개를 제거할 수 없다. 비구름과 달리 안개는 넓은 지역에 걸쳐서 지표와 가까운 곳에서 발생하므로 인공강우 기술만으로는 안개를 한 번에 소산시키는 즉각적인 효과를 기대하기 어렵다. 그래서 최근에는 전기가스를 비롯해서 안개 발생 지역의 특성 등을 고려한 다양한 실험연구가 진행되고 있다.

태평양 전쟁 때 안개를 없앨 수 있었다면?

현대사회로 오면서 안개는 일상생활에 커다란 장애로 부상하고 있다. 특히 자동차와 비행기가 중요한 교통수단이 되면서 안개는 이러한 교통수단들에 가장 심각한 피해를 주는 적이 되었다. 많은 교통사고가 안개 때문에 일어났다. 그러므로 고속도로나 비행장 활주로의 안개 제거는 매우 빨리 해결해야 할 현실적인 문제다.

무엇보다 안개가 군사적인 차원에서의 문제가 된다면 상황은 더욱 심각해진다. 전쟁이 발발해서 작전을 수행해야 하는데 안개로 인해 전투기가 뜨지 못한다면? 군사 이동이 필요한데 도로에 짙은 안개 때문에 군용차량들이 대규모 교통사고를 일으킨다면? 아마도 전시에 전략적으로 치명적인 피해를 입게 될 것이다.

안개는 이미 오래전부터 군사적 차원에서 매우 중요하게 다룬 문제였다. 그 유명한 '한니발 전쟁'을 살펴보자. 한니발 전쟁은 기원전 218년부터 기원전 202년까지 로마 공화정과 카르타고 사이에 벌어진 전쟁으로 '2차 포에니 전쟁'이라고도 한다. 카르타고의 명장 한니발은 이 전쟁에서 특유의 전술과 용맹성으로 로마 공화정의 군사들을 물리치고 이탈리아 본토까지 침략하는 데 성공했으나, 끝내 지구전과 포위고립 전술을 펴는 로마군에게 패하게 되었고, 이로써 지중해 서부의 패권은 로마 공화정이 차지하고 말았다. 이 유명한 전쟁사의 한 장면에 안개가 등장한다.

알프스 산맥을 넘어 진군한 한니발의 군대는 현재 이탈리아 중부에 해당하는 페루자 인근의 트레시메노 호수에서 벌어진 전투에서 크게 승리하며 기세를 올렸다. 한니발은 이탈리아에서 네 번째로 큰 호수인 트레시메노의 짙은 안개를 이용해 호수의 길 옆 산등성이에 매복하였다가 자신의 군대를 추격하는 로마군을 기습했다. 로마군은 안개 속에서 허둥대다가 호수 쪽으로 밀리면서 전멸에 가까운 피해를 입었다. 안개 속에서 갑자기 창과 칼을 들고 험악한 모습을 드러내는 군사의 이미지는 상상만으로도 충분히 위협적이다.

안개를 이용한 군사전략은 『삼국지』에도 유명한 일화가 있다. 적벽대전 때 주유는 애매한 동맹관계로 함께하던 제갈 량을 곤란에 빠뜨리고자 열흘 안에 화살 10만 개를 마련하라고 요구했다. 그러자 제갈 량은 나흘 안에 구해 오겠다고 장담했다. 제갈 량은 안개를 틈타 짚단으로 감싼 배들을 이끌고 조조의 백만대군 앞에서 한바탕 소란을 떨었다. 이에 놀란 조조의 병사들이 화살을 쏘았고 제갈 량은 그 화살들을 그대로 받아 배에 가득 꽂고 돌아왔다. 어느 정도 과장이야 있겠지만, 이 시대에도 안개는 전략·전술적으로 매우 중요했음을 알 수 있다.

현대전에서도 안개가 결정적으로 작용한 역사가 있다. 제2차 세계대전 미드웨이 해전 때의 일이다.

1942년 하와이 진주만 북서쪽 1,800킬로미터 지점에서 벌어진 이 전투는 태평양 전쟁의 분수령이 되었다. 일본의 최강 전함 야마토를 비롯한 대함대를 투입한 일본군은 진주만 폭격 이후 드높아진 군사적 자신감으로 이 전투에서 미국을 완전히 초토화하려는 의도를 가지고 있었다. 5월 30일, 일본 함대는 완벽한 준비를 갖추고 미드웨이 북서쪽에 진출했다. 그러나 뜻하지 않게도 6월 1일부터 사방이 자욱한 안개에 휩싸였고, 이 때문에 일본 함대는 대형이 모두 흐트러지고 말았다. 이때 일본 함대를 이끌던 나구모 중장이 결정적인 실수를 저질렀는데, 6월 4일까지도 안개가 걷히지 않자 전 함대에 함대의 위치를 알리며 대형 복귀를 명하는 무선을 친 것이다. 이것이 미국에 의해 감청되었고, 이로써 미군은 일본 함대의 위치를 확실히 알 수 있게 되었다. 결국 정보전에서 우위를 점한 미국은 미드웨이 해전에서 대역전극을 벌여 일본 함대를 패퇴시키고 태평양 전쟁에서 승리했다.

만약 이때 일본군이 해상 안개 소산 기술을 가지고 있었다면 어떻게 되었을까? 당시 일본군의 전투기와 항공모함 기술력은 미국을 압도하는 수준이었다는 것이 후세의 평가인 것을 보면, 태평양 전쟁에서 승리한 쪽은 일본이라는 역사적 상상도 가능하다.

전쟁, 군사적 전술과 안개의 관계는 이런 일련의 역사 속에서 매우 극적으로 등장한다. 그러나 오늘날 이 문제는 좀 더 일상적이다. 원활한 비행기의 이착륙을 위한 활주로 시계 확보는 군사적 문제 차원을 벗어나 이미 일상적인 문제로 발전하고 있다. 영국 공군이 제트엔진의 열을 이용한 안개 소산 방식을 개발한 것 역시 군사적인 목적이 시발점이었으나, 그 경제성만 확보된다면 언제든지 일반 비행장에도 적용될 수 있는 기술이기에 큰 주목을 받았다. 안개 소산 기술은 인공강우 기술만큼 대중적으로 알려져 있는 것은 아니지만, 이러한 연유로 지속적인 연구와 기술 개발이 시도되고 있는 상황이다.

기상조절 기술 발전 4단계

인공강우(설)와 안개 소산을 중심으로 기상조절 기술 발전의 역사와 그와 관련한 다양한 논의를 대략 살펴보았다. 간략하게나마 이것을 중심으로 기상조절 기술의 발전 단계를 정리해보면 다음과 같다.

기상조절이 시작된 초기에는 인공강우(설)가 가장 활발히 시도되었으나 1960년대에 들어와서는 안개 소산, 태풍 약화 등으로 그 영역이 확대되었다. 2000년대에는 우박 억제 실험의 비중도 점차 증가하는 추세이며, 우주항공 기술의 발전을 기반으로 체계적이고 심도 있는 프로젝트들이 새롭게 등장하고 있다. 통상 학계에서는 기상조절 연구의 질적 발전과 사회적 조건의 변화에 따라 그 발전 단계를 다음과 같이 네 단계로 나눈다.

1 1950~1960년대 낙관론 시기: 인공강우에 대한 가능성이 확인됨으로써 무작위적인 실험이 전 세계적으로 진행되었다. 동서 냉전시대의 분위기는 이러한 첨단 기술에 대한 군사적 의미의 경쟁적 투자를 부추겼다. 더구나 과학적 낙관론이 지배하던 시대였으므로 기후에 대한 인간의 개입이 가능하다는 전제하에서 다양한 실험이 시도되었고, 이를 통한 급격한 기술 발전이 있었다.

2 1970년대 활발한 비행실험 시기: 앞선 시기를 통해 얻어진 실험 결과들을 근거로 국가적인 지원하에 여러 나라에서 기상조절에 대한

연구와 실험이 가장 활발하게 진행되었다. 특히 가장 효과적인 방법으로서 비행실험이 대두되면서 인공강우 영역을 필두로 항공기를 이용한 실험이 대세를 이뤘다.

3 | 1980년대 물리적 접근법 시기: 1970년대 말을 기점으로 인공강우에 대한 열기는 가라앉기 시작했지만, 과학기술과 컴퓨터의 발달로 새로운 관측기기와 구름 및 강수 수치 모델이 개발되었다. 구름과 강수의 발달 과정에 대한 물리적 검증에 대한 연구의 일환으로 구름 관측과 모델링 연구가 활발히 진행되었다. 한마디로 단순 실험을 넘어서 이론적인 모델링 실험과 기상조절을 위한 수치화가 활발히 진행된 시기라고 볼 수 있다.

4 | 1990~2000년대 첨단 기법 동원 시기: 기후변화 대응책의 일환으로 기술 선진국과 기술 이전을 필요로 하는 국가와의 공동 프로젝트가 활발히 진행되고 있다는 특징을 찾을 수 있다. 특히 무인항공기, 레이더 및 위성 자료의 활용 가능성에 대한 연구가 활발히 진행 중이며, 상업적 이용을 위한 다양한 첨단 기법이 대두되고 있다. 군사적 차원에서의 연구도 더욱 활발해져서 선진 강대국 간의 경쟁적인 연구 또는 국가 간 공동 프로젝트 등이 다시 활발해지고 있다.

전 세계는 지금 기상조절 중

현재 인공강우(설) 기술은 미국, 멕시코, 오스트레일리아, 태국, 이스라엘, 러시아, 중국, 일본, 아르헨티나, 그리스, 남아프리카공화국 등 세계 37개국에서 실용화되어 국가별로 다양한 연구 프로젝트가 진행 중이다. 그림 6은 미국기상연구대학협력체(UCAR, The University Corporation for Atmospheric Research, http://www.ucar.edu/news/releases/2008/images/countries.jpg)에서 조사한 '전 세계에서 수행하고 있는 기상조절 현황'을 나타낸 것이다. 이를 보면 37개국에서 150

개 이상의 기상조절 프로그램이 수행되고 있거나 수행했으며, 인공강우(설)뿐 아니라 우박 억제 연구도 넓은 범위에서 진행되고 있음을 알 수 있다. 이 중 미국과 중국이 가장 많은 프로젝트를 수행하고 있는 것으로 집계되었다.

대부분의 기상조절 실험에 쓰이는 재료는 요오드화은과 드라이아이스로 전체의 약 95퍼센트 정도를 차지한다. 또한 실험은 대개 지상실험보다는 비행실험 위주로 실시하고 있다.

항공기를 이용한 기상조절 실험을 수행하기 위해서는 구름 관측이

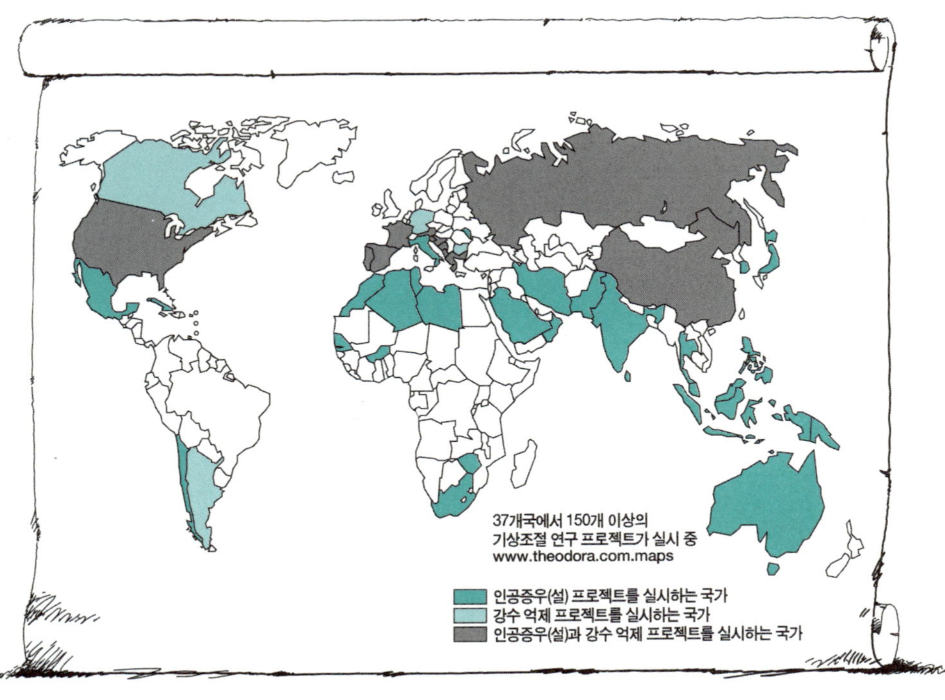

| 그림 6. 전 세계 기상조절 실험 현황(기상을 연구하는 미국 대학 연합, 2008) |

매우 중요하다. 미국의 와이오밍 주립대학에서는 중대형 비행기(주로 킹에어)에 구름레이더를 장착하여 구름 관측 연구를 하고 있다. 주로 구름 입자 관측 장비를 이용하여 눈 입자나 구름 물방울도 관측하고 있다.

표 3은 2007년 10월 터키에서 열렸던 세계기상기구 기상조절 국제 학술회의에서 발표된 인공강우(설) 연구의 유형 및 해당국에 대한 국제 현황을 나타내고 있다. 기상조절 기술을 수행하기 위해서 비행실험과 지상실험만 하는 것이 아니라 실험 전 예측, 실험 후 분석 그리고 태풍 제어 모의 등 차세대 기상조절 모의실험을 위하여 수치 모델링 연구도 활발히 진행되고 있음을 알 수 있다. 자연계에서의 실험 전에

| 표 3. 국외 기상조절 연구 유형 및 실시국(2007년 10월 WMO 기상조절 국제학술회의 기준) |

1. 인공강우(설) 연구

• 기상조절 모델링	미국, 중국, 러시아, 일본, 이스라엘, 세르비아, 터키 등
• 구름 기후 자료, 지상실험	미국, 중국, 이란 등
• 챔버 제작 및 실험	러시아, 중국(실내 체육관 규모), 불가리아, 일본(30억 원 규모 챔버) 등
• 비행실험	미국, 오스트레일리아, 인도네시아, 쿠바, 우즈베키스탄, 이란, 모로코, 수단, 불가리아, 일본 등
• 비행실험/관측 동시(2대 이상)	미국, 러시아, 중국, 이스라엘, 오스트레일리아, 남아공 등

2. 위험기상 제어 연구

• 강수 억제 모델링	미국, 중국, 세르비아
• 강수 억제 및 안개 소산 실험	미국(강수 억제, 흡습), 러시아(강수 억제, AgI), 중국(강우 억제, AgI), 이스라엘(강수 억제, 흡습), 이란(안개, LCO2)
• 태풍 약화 모델링 실험	이스라엘(로젠필드), 러시아(마르데까르)

‘구름 챔버’를 이용, 다양한 가상환경을 조성하여 실제 비행실험 등을 하기 전에 정확한 자료를 얻고 효과 예측 등에 신뢰성을 확보하기 위한 실험연구가 선진국 중심으로 진행되고 있다.

일기예보가 아니라 ‘기상조절 예고’

2008년 중국기상조절연구센터에서는 베이징 올림픽을 위한 대기질 개선을 위하여 올림픽 전 한 달간 인공강우를 실시하였다. 인공강우로 대기와 지상의 미세먼지와 오염물질을 씻어내려 대기질 상태를 개선시키는 실험을 실시하였다. 또한 올림픽 개·폐막식을 위하여 강수 억제 실험(작전명은 Bird's Nest)을 실시하여 성공적 결과를 얻었다. 중국은 31개성마다 지역 기상조절센터를 운영하고 있으며 이 센터들의 장비들이 베이징으로 집결하여 올림픽 대비 대기질 개선 실험과 강수 억제 실험을 성공시켰다.

행사를 위해 기상조절을 활용한 사례는 러시아가 중국보다 선배라고 할 수 있다. 강수 억제 실험은 특히 러시아가 오랜 역사를 가지고 있는데, 러시아는 구 소련 시기부터 매년 전승기념일 행사를 위하여 10대 이상의 항공기에 액체질소, 드라이아이스, 요오드화은 물질을 이용하여 구름 소산 기상조절 실험을 진행해왔다. 지난 30여 년간 전승기념일에 모스크바 광장에 단 한 번도 비가 온 적이 없다는 것이 러시아 기상조절 기술의 자랑이기도 하다.

러시아와 중국의 예를 보면, 기상조절 기술이 단지 인공강우(설) 및 안개 소산뿐 아니라 국가적인 대규모 행사를 위하여 강수 억제, 구름 소산 및 대기질 환경 개선에 적극적으로 활용할 수 있는 기술로 비중이 커져가고 있음을 알 수 있다.

기상조작이라는 비판론이 만만치 않음에도 다양한 기상조절 실험이 일상적인 영역에서 얻어내고 있는 이런 지속적인 성과는 이 분야에 대한 국가적 지원이 점차 확대되는 결과를 가져오고 있다. 세계적으로 기상조절 프로젝트들의 범위가 확대되고 있는 상황을 보면, 이제 곧 일기예보가 아니라 '기상조절 예고'를 확인해야 하는 날이 오는 것은 아닐까라는 생각도 든다. 더 이상 소풍 가기 전날 밤 비라도 오지 않을까 노심초사하거나, 아침에 배낭을 메고 문 앞에 서서 떨어지는 빗방울을 보며 망연자실하는 아이들을 보지 못하게 될지도 모른다.

더구나 인공강우를 비롯한 제반 기술이 일반화되면서, 전 세계의 거의 모든 나라가 이 분야에 대한 자신들만의 연구를 수행하고 있다는 점을 생각하면 더 놀라운 결과물들이 속속 등장할 것으로 보인다.

인공강우의 시작은 미국

미국은 인공강우를 가장 먼저 실시한 국가답게 인공강우(설) 기술을 일찍 실용화했다. 현재 미국 국립해양대기관리처(NOAA, National Oceanic and Atmospheric Administration)의 지원하에 6개 주에서 기상조절 연구 프로젝트가 진행 중인데, 캘리포니아·네바다·유타·애리조나 주 등에서 매년 겨울철 산악(주로 로키 산맥)을 이용한 대단위 인공강설 프로그램을 통해 수자원 확보에 주력하고 있다.

상대적으로 건조한 서부 텍사스에서도 1971년부터 매년 5~9월에 항공기를 이용하여 인공강우 실험을 하고 있다. 인공강우를 수행하는 대표적인 기관으로는 미국 국립대기연구센터, 미국 개척국(USBR, U.S. Bureau of Reclamation), 미국 사막연구소(DRI, Desert Research Institute) 등의 연구기관과 인공기상회사(AI, Artificial Institute), 기상조절회사(WMI, Weather Modification Inc.), 북미기상컨설턴트회사(NAIWMC, North American Weather Consultant) 등의 인공강우 전문 용역회사 등이 있다.

그림 7은 기상조절회사에서 발표한 미국 전역과 캐나다에서 실시하고 있는 기상조절 프로그램을 요약한 것이다.

미 국립대기연구센터에서는 구름 및 강우 수치 모델 연구개발, 연구용 항공기와 각종 구름물리 측정 장비 관리, 새로운 구름씨 개발, 최신 레이더를 이용한 인공강우(설) 실험의 적정 조건 결정 및 효과 평가 기술 개발 등의 기초 연구와 해외 협력 연구를 주로 맡고 있다. 미 국립대기연구센터가 주도한 인공강우(설) 프로젝트를 살펴보면, 미 국립대기연구센터 내 응용과학팀(ASG, Applied Science Group)의 실용화 연구 프로그램(RAP, Research Application Program)의 일환인 겨울철 네바다 산악 지역에서의 인공강설과 멕시코 인공강우 프로그램 등이 있다.

미 국립대기연구센터는 10여 년 전부터 유타 주와 네바다 주의 로키 산맥 지역에서 인공강설 실험을 시행하여 지속적인 수자원 확보의 성과를 얻고 있다. 멕시코 인공강우 프로그램에서는 항공기와 기상레이더 및 차량형 기상 관측 시스템을 동원하여 총 4년(1996~1999년) 동안 실시하였으며, 그 외에도 태국과 인도네시아 등의 인공강우(설) 프로그램에도 참여하여 기술협력을 하기도 했다.

미 사막연구소는 1959년에 설립되어 5개의 연구센터로 구성되어 있으며 총 300명이 넘는 연구 인력을 보유하고 있다. 5개의 연구센터 중 인공강우 관련 프로그램은 대기과학연구센터(ASC, Atmospheric Science Center)의 인공강우팀(Cloud Seeding Group)에서 맡고 있다. 네바다 주 정부가 해마다 의뢰하는 겨울철 인공강설 프로젝트와 오스트레일리아의 인공강우 프로그램을 다년간 실행해오고 있다.

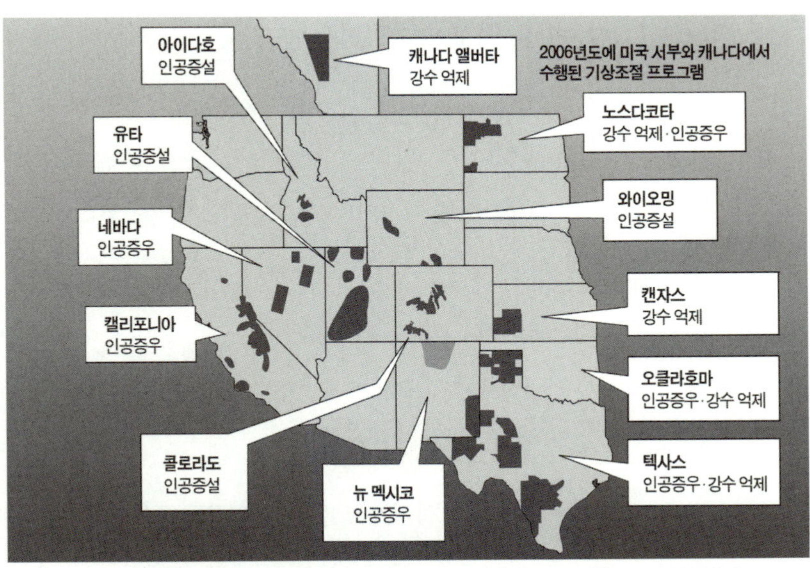

| 그림 7. 미국 전역 및 캐나다에서 실시하고 있는 기상조절 프로그램(WMI, 2006년) |

가장 먼저 기상조절을 상업화한 나라, 미국

미국은 기상조절 '사업'이 가장 활발한 나라기도 하다. 미국 내 인공강우 용역회사들은 실험에 필요한 전용 항공기와 구름 측정용 장비 및 기상레이더를 구비하고 있어 개인이나 특정 단체의 요구에 언제든지 대응할 수 있는 시스템을 갖추고 있다. 어떤 용역회사는 다른 작은 나라의 국가연구소보다 훨씬 더 큰 규모의 시스템을 갖추고 있으며, 미국뿐 아니라 인공강우(설) 실험을 필요로 하는 다른 나라의 프로그램도 맡아 수행할 정도의 수준이다.

기상조절회사는 1961년에 설립된 이후 주로 인공강우와 우박 억제 관련 사업을 수행해온 선도적인 기업이다. 다수의 항공기 조종사, 기상학자 및 레이더 전문가를 확보하고 있어서 현재 미국 남서부 지역 및 그리스에서 보험회사, 수자원 관련 기관, 정부 및 학교의 연구 팀 등을 위해 활동하고 있다. 앨버타, 노스다코타, 텍사스, 오클라호마, 멕시코, 아르헨티나, 그리스 등지에 다량의 기상레이더 및 기상 장비를 운영·관리하는 전문요원들을 배치하고 있으며, 세스나 340, 파이퍼 샤이엔(Piper Cheyenne) Ⅱ, 파이퍼 세네카(Piper Seneca) Ⅱ, 리어젯(Learjet) 등의 실험용 첨단 항공기와 각종 기상 관측 장비를 보유하고 있다.

인공기상회사는 기초 및 실용 분야 연구, 지상 및 항공 실험기기 제공, 기상조절 가능성 예측 및 실시, 실시 결과 평가 및 교육 등 정부와 학교 및 기업의 요구에 따라 기상조절의 모든 단계를 수행하는 용역회사다. 기상레이더, 인공강우(설) 실험용 항공기 및 탑재용 장비, 구름 물리, 지상 및 고층 기상 관측 시스템, 영상촬영 시스템, 자료 저장 및 통신 시스템 등의 장비를 보유하고 있으며, 주로 항공기에 요오드화은 연소 시스템을 탑재한 실험을 수행한다.

북미기상컨설턴트회사는 기상조절, 대기질 관리 및 응용기상 분야에서 세계적으로 가장 오래된 전문회사로 인공강우, 안개 소산, 우박 억제 등의 지상 및 비행 실험, 기상조절 가능성 예측, 실험 설계 및 실시 결과 평가, 지상 및 비행 실험 기기 제공, 기술 이전, 기상조절용 항공기 개조 등의 용역을 수행하고 있다. 주로 지상실험을 많이 수행해 왔는데, 스키장 등의 개인회사와 수자원관리국 등이 주 고객이다.

이런 용역회사들을 중심으로 미국은 가장 먼저 기상조절을 상업화한 나라로 꼽힌다. 거대한 국토의 다양한 자연환경은 기술 실험에 효과적인 장을 제공하였고, 농업을 비롯한 대규모 기업화한 산업 시스템들은 이런 기상조절에 대한 비용 지출을 가능케 하였던 것이다. 이제 그 상업적인 힘은 미국 내에서 멈추지 않고 전 세계에 파고들고 있어 향후 행보가 주목된다.

물 부족 국가 오스트레일리아의 인공강우 프로젝트

또 하나의 거대한 대륙 오스트레일리아는 대륙의 대부분이 연 강수량 300밀리미터 이하인 전형적인 강수 부족 국가기 때문에 상대적으로 오랜 역사를 자랑하는 인공강우 프로그램을 가지고 있다. 만성적인 물 부족으로 설거지물 재활용 등 물 절약 캠페인이 일상화되어 있는 나라기도 한데, 최근에는 이러한 캠페인의 한계를 근본적으로 극복하고자 물 부족이 극심한 주요 지역을 중심으로 인공강우 프로젝트를 적극 시행하고 있다.

오스트레일리아는 1947년에 처음으로 인공강우 실험을 시작했는데, 본격적인 실험은 1955년부터 시작되었다. 특히 1957~1961년 사이에

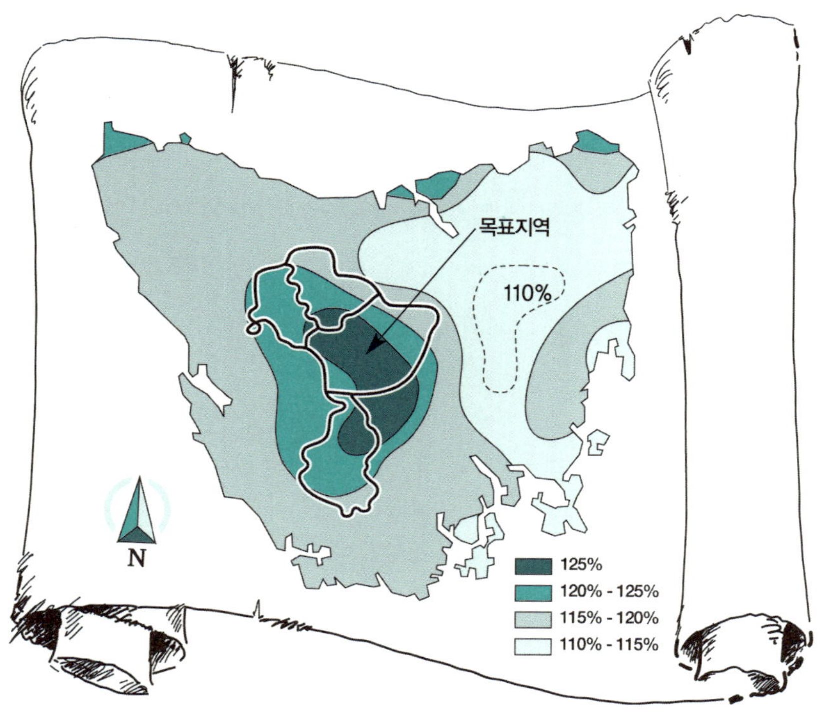

| 그림 8. 오스트레일리아의 인공강우(설) 실험에 의한 강수 증가 분포도(1964~1991년) |

오스트레일리아의 여러 지역에서 인공강우(설) 실험이 진행되었는데, 그 결과 5년 평균 강우량이 19퍼센트나 증가하는 성과를 내었다.

1964년부터 지금까지 오스트레일리아는 수력발전소에 필요한 물이 모여드는 태즈메이니아 지역에서 인공강우(설) 비행실험을 계속 시행하고 있다. 인공강우(설) 실험으로만 오스트레일리아 전역에서 5년 평균 20~30퍼센트의 강수 증가 효과와 438기가와트의 전력 생산 성과를 거두었다고 보고되고 있다(그림 8). 이 프로젝트를 통해 얻은 결과에 따르면, 인공강우로 증가된 강수량 통계 기준으로 비용이 톤당 약 0.03 달러에 불과한 것으로 측정되어 투자 대비 효용이 특히 좋은 예로 알려져 있다.

2008년 올림픽 개막식의 하늘을 연출한 중국

오늘날 중국은 기상조절 기술 전반에 걸쳐 연구가 가장 활발하게 진행되고 있는 국가 중 하나로 이미 50여 년의 기술 개발 역사를 가지고 있으며, 2007년부터는 11차 5개년 계획을 수립·진행 중이다. 중국 기상국은 수자원 확보, 산불 억제 그리고 대기질 개선 등을 위하여 지속적인 인공강우(설) 실험을 시행하고 있다.

1969년에 요오드화은 연소기와 로켓을 이용한 지상 기초 연구를 시작으로 1984년에는 항공기와 대공포를 이용한 대규모 인공강우

(설) 실험을 실시했다. 중국기상과학연구원 기상조절센터의 야오 (Yao Zhanyu) 박사는 "2006년 12월 집계로 인공강우 전용 항공기 34 대와 대포 6,800대, 로켓 발사대 3,300개 그리고 3만 5,000명 이상의 참여자가 이 업무에 종사하고 있다"고 밝혔다(일본기상조절국제포럼, 2007년 2월).

2006년, 중국은 베이징에 쌓인 지독한 황사를 제거하기 위해 4월 17 일과 5월 4일 두 차례에 걸쳐 인공강우 실험을 시행했는데, 두 번째 실 험에서 봄철 강우로는 다소 많은 하루 9밀리미터의 인공강우에 성공했 다고 발표한 바 있다. 이에 고무된 중국 기상조절센터는 베이징 올림 픽 개막식 날(2008년 8월 8일) 전에 베이징으로 진입하는 비구름을 인

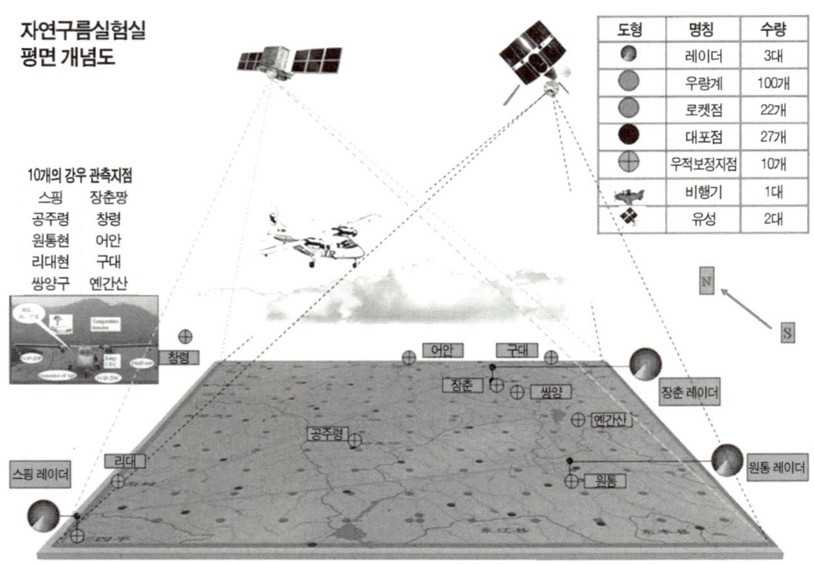

| 그림 9. 중국 길림성 기상조절센터의 인공강우(설) 실험 개념도 |

위적으로 다른 지역에 미리 내리게 하는 강우 억제를 시도하거나 구름 씨 뿌리기 기술을 시도하겠다고 공표하였으나(Nature, 2008), 2007년 모의실험에서는 실패했다. 그러나 2008년 실제 올림픽 개·폐막식에서는 마침내 구름 소산에 성공하고, 올림픽 개최 전에 대기오염 정화를 위한 인공강우에도 성공했다. 이 프로젝트를 위해 중국 4개 기상조절 센터의 전용 비행기 10대가 동시에 동원되었다고 한다.

이 외에도 중국은 가뭄 대비를 위해 매년 4~7월 중에 40~50차례에 걸쳐 31개 성의 기상조절센터 전용 비행기 34대가 지속적인 실험을 지역별로 수행하고 있으며, 평년 대비 15~50퍼센트의 증우 효과를 얻었다고 보고하고 있다. 특히 중국 길림성기상조절센터는 그림 9에서처럼 복합적인 검증 시스템을 구축하고, 지속적인 실험에 힘쓰고 있다.

일본, 겨울 눈으로 봄 가뭄을 대비한다

일본은 국립기상연구소를 중심으로 약 20년간 기상조절 및 관측에 대한 기초 연구에 전념해오고 있다. 일본의 기상조절 계획의 핵심은 수자원 확보를 위한 인공강설 3단계 프로젝트(1990~2003년)라고 할 수 있다. 2007년 1월부터 5년 동안은 반복 실험을 통해서 결과 자료 확보에 주력하고 있는데, 주로 나카타 현의 댐 지역을 목표지역으로 하여 항공기로 드라이아이스 씨 뿌리기(seeding) 방법을 실험의 기본으로 하고 있다. 그림 10과 같이 나카타 현 댐 지역과 목표지역에 관측 장비

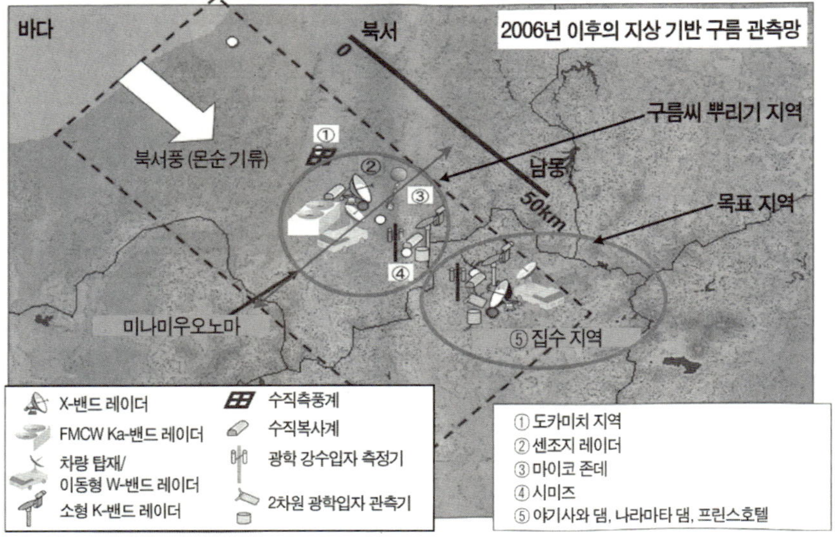

| 그림 10. 일본의 인공강우(설) 실험 사이트 |

들을 집중시키고, 정밀한 계측이 가능한 검증 기지를 구축, 좀 더 정교한 인공강설이 가능한 시스템을 만들어가고 있다. 겨울에 눈이 많이 오는 지형적 특성을 고려하여 겨울철 높은 산 위에 증설을 수행하는 것이 이 프로젝트의 기본 과제인데, 이를 통해 사전에 대량으로 수자원을 확보하여 지역적으로 잦은 봄철 가뭄에 대비하고자 하는 것이다.

태국, 국왕이 만들어주는 푸미폰 비

태국은 독특하게도 지난 40여 년간 푸미폰(Bhumibol) 국왕이 직접 인공강우 프로젝트를 지휘했다. 즉위한 지 60년이 넘은 푸미폰 국왕은 그동안 국민으로부터 절대적 존경과 지지를 받아왔다. 즉위 이후 빈민 구제와 서민을 위한 정책 수립을 위해 현장을 발로 뛰어다니는 것으로 유명한 푸미폰 국왕은, 1986년부터 미국으로부터 일부 원조를 받아 인공강우를 시행하기 시작하여, 기술 이전을 통해 기상레이더와 인공강우용 항공기 및 측정 장비를 도입하고, 현재는 독자적인 인공강우를 실시하고 있다(Silverman and Sukarnjanaset, 2000).

푸미폰 국왕은 가뭄에 시달리는 농민을 위해 심혈을 기울여 'Royal Rain Making Project'라는 인공강우 기술(요오드화은과 드라이아이스를 동시에 뿌리는 기술. 특허 보유)을 선보였는데, 태국인은 이를 '푸미폰 비(Bhumibol Rain)'라고 부른다. 항공기 두 대가 각기 다른 고도에서 따뜻한 구름과 차가운 구름을 만드는 '구름씨 뿌리기'를 핵심으로 하는 이 기술은 이미 전 세계 각국에서 특허를 획득한 바 있으며, 인접국인 캄보디아 정부는 극심한 가뭄이 오면 태국 왕실에 인공강우를 공식 요청하기도 한다.

푸미폰 국왕은 수도 방콕 인근의 후아힌에 '인공강우지휘센터'를 설치하고 인공강우 작전을 항상 직접 지휘하는 것으로 알려져 있다. 지구상에 보기 드문 절대왕권과 농민 구제 차원의 시혜적 성격이 결합된 독특한 인공강우 프로젝트라고 하겠다.

우리나라의 기상조절 연구는 어디까지 진행되었을까?

우리나라의 인공강우는 1963년 동국대학교 양인기 교수 팀이 지상 연소 실험과 드라이아이스를 이용한 비행실험을 시도한 것이 그 시작이다. 그 후 32년 동안 투자 부족 등의 이유로 실험이 중단되었다가 1994~1995년의 극심한 가뭄으로 인해 1995년 3월부터 1998년까지 기상청의 국립기상연구소를 중심으로 인공강우(설) 연구를 수행한 바 있다(지상실험 10회, 비행실험 8회). 그러나 1998년 이후 지리산 집중호우로 많은 인명과 재산 피해를 겪으며 집중호우에 대한 대책에 투자가 집중되어 또다시 3년간 연구가 중단되었다. 그나마 2001년에 발생한 심각한 봄 가뭄을 계기로 다시 인공강우

연구의 필요성이 대두되어 현재까지 연구투자가 이어지고 있다.

2002년 초반까지만 해도 우리나라의 인공강우 연구는 가뭄이 발생하면 이에 대한 한시적인 대응책의 일환으로 실험이 실시되는 수준이었으나, 2003년 이후부터는 기초이론 연구와 관측을 중심으로 체계적인 실험을 실시하고 물리적으로 검증하는 체제로 추진되고 있다. 이를 위해 기상청 국립기상연구소와 강원지방기상청은 대관령에 '구름물리선도관측센터'를 설립해 인공강우(설) 실험 전후의 구름·안개 입자의 변화 등을 관측하는 슈퍼사이트를 구축하여 운영하고 있다.

표 4는 우리나라의 인공강우(설) 연구의 역사를 요약해서 보여주고

| 표 4. 우리나라 인공강우의 역사 |

연도	주요 연구 내용
1963	드라이아이스를 이용한 최초의 인공강우 항공실험 실시(양인기 박사)
1964~1994	예산 부족 등으로 중단(30년간)
1995~1998	〈인공강우(설) 기술개발 연구〉 – 비행실험 9회(서해안, 영남 일대), 지상실험 10회(이화령, 인제)
1999~2000	예산 부족 등으로 중단(2년간)
2001	〈인공강우(설) 연구사업을 위한 기획 연구〉
2001~2002	〈21세기 프론티어: 수자원의 지속적 확보기술 개발〉 – 비행실험 3회(합천 일대 등)
2003~2006	〈한반도 기상조절 기술개발〉 – 연세대학교와 공동 연구 – 여름철 안개 소산 실험, 겨울철 인공강설 지상실험을 수차례 시행
2006~2009	〈미세물리 구름조절 모형 및 실험기술 개발〉
2007~2010	〈구름물리 관측시스템 유지 및 연구〉
2009~2012	〈기상조절 및 기상 장비 기술개발〉

있는데, 그림 11과 12는 각각 1996년 인제에서 실시한 인공강설 지상 실험과 2002년 합천 유역에서 실시한 인공강설 비행실험을 보여주고 있다.

대관령 구름물리선도관측센터는 최근 2년간(2006~2007년) 1~3월 걸쳐 요오드화은 지상 연소기를 이용하여 소규모 인공강설 지상실험 을 실시한 바 있다. 특히 2006년도 1~2월에 실시한 겨울철 지상실험 에서는 세 번에 한 번 정도로 증설 효과를 보았고, 실패한 실험 결과에 대하여 그 원인에 대한 과학적 설명이 시도되었다. 이 실험의 결과로 태백산맥 지형을 이용한 실험 조건을 구체화시킬 수 있게 되었다(Lee 등, 2008). 이런 지상실험 연구를 토대로 2008년에는 태백산맥을 이용 한 인공증설 목표지역 비행실험을 세 차례에 걸쳐 실시하여 구름씨 투

| 그림 11. 요오드화은 연소기를 사용한 인제 이화령 인공강우(설) 지상실험(1996. 12) |

하 지역부터 강설이 증가하는 증설 효과를 확인하는 결과를 얻을 수 있었다. 국립기상연구소는 2009년부터 향후 4년간 인공증설 목표지역

| 그림 12. 합천 유역의 인공강우(설) 비행실험(2002.12): 실험에 활용된 공군 항공기(A)와 드라이아이스 살포기(B) |

비행실험을 실시할 계획을 가지고 있으며, 반복 실험 실시를 통해 태백산맥을 이용한 인공증설 기술을 확립하려 하고 있다.

또한 안개 저감 실험연구도 진행 중에 있다. 2006년에는 대관령의 기후적 구름 특성에 대한 연구가, 2007년부터 흡습성 물질인 염화칼슘 연소탄 등을 이용한 지상 안개 조절 실험이 지속되고 있다. 이런 연구 결과는 대체로 이론적으로 예측한 안개 소산 효과와 잘 부합되는 것으로 나타나서, 향후 공항이나 도로 등의 특정한 장소에서 발생하는 이류안개에 대한 안개 저감 운영 체계의 가능성을 엿볼 수 있게 했다는 데 의미가 있다.

국립기상연구소는 흡습성 물질을 이용하여 지속적으로 유입하는 안개를 대상으로 목표지역의 주위를 순환하는 방법(원형 방법)과 안개 유입 방향에 직각으로 교차하는 방법(선형 방법), 두 가지 실험 방법을 시험하는 연구를 하고 있다. 실험 후의 효과를 분석하기 위해 시정계(視程計, 대기의 혼탁한 정도를 측정하는 기구)와 전방산란 스펙트로미터(FSSP) 환산 시정값(구름 및 안개 입자의 크기를 측정하는 기구를 이용하여 시정값 환산)을 이용하였다. 현재는 지속적 실험과 실험 효과의 효율 분석 등을 통해 실제 공항에 적용할 효율적인 방법을 시험 연구하고 있다.

3

1. 기상조절 실험을 위한 몇 가지 조건들

2. 대관령 구름물리선도관측센터에서는 무슨 일을 하고 있을까?

3. 기상조절이 가져다주는 경제적 이익

4. 기상조절의 경제적 이익을 따지기 전에 생각해야 할 것들

chapter 1

기상조절 실험을 위한 몇 가지 조건들

언제나 비를 내리게 할 수는 없다

이미 살펴본 대로 인공강우(설) 기술은 구름층은 형성되어 있으나 대기 중에 빙정핵이나 큰 크기의 구름 입자가 적어서 구름방울이 빗방울로 성장하지 못할 때 인위적으로 구름씨를 뿌려 특정 지역에 비를 내리도록 하는 기술이다. 보통 기상조절 기술들은 실험실에서 적정한 조건을 구성할 경우 항상 구현이 가능하지만, 자연에서의 실험은 적정한 조건이 항상 일치하기에는 어렵기 때문에 실험이 쉽지 않다. 적절한 수준의 구름층, 요구되는 빙정핵의 양이나 형성 방법 등 각기 다른 조건에서 모두 다른 자료가 요구되기 때문이다. 자연 상태에서의 인공강우 기술 중 상대적으로 성공 가능성이 높은 실험은 산악 지형을 이용한 인공강우(설) 실험인데, 수증기가 산의 경사면을 타고 상승하면서 충분한 구름을 만들어주기 때문이다. 산악 지형을 이용한 인공강우(설) 실험은 전 세계적으로 가장 널리 실시되기 때문에 이에 대한 자료도 충분하고, 성공 사례도 많다. 그래서 우리도 대관령 지역에서 태백산맥을 이용한 인공증설 실험을 시도하였다.

국립기상연구소는 2003년부터 대관령 지역을 중심으로 기상조절 실험을 수행하고 있다. 대관령 지역은 주변에 높은 산이 동쪽으로 급경사면을 이루고 있고, 동해안과 가깝기 때문에 동풍이 불면 동해로부터 수증기가 유입되어 하층운(지상 2킬로미터 이내에 떠 있는 구름)과 안개가 자주 발생하기 때문에 실험하기에 매우 좋은 지역이다.

대관령 주변에 대한 인공증설 조건에 대한 분석 논문(김창기 등, 2005)에 의하면, 인공증설 실험의 최적 기상 조건은 우리나라 북쪽에 위치한 고기압이 남쪽으로 확장하고 남해상에 위치한 저기압이 동쪽으로 통과한 상태로, 이때 동해로부터 대관령 쪽으로 공기가 이동하고 대관령의 지상 온도는 -5℃ 이하, 상대 습도는 90퍼센트 이상일 때다.

또한 2003~2007년까지 진행되었던 몇 차례 인공강설 지상실험 사례를 분석한 결과, 북고남저형의 기압 배치(그림 13)일 때 증설 효과가 가장 잘 나타났다. 우선 기본적으로 남쪽에서 수증기 유입이 용이하며, 강설 입자를 만들 수 있는 영하의 차가운 기류 유입이 북쪽 고기압의 영향으로 쉽게 이루어지기 때문이다. 즉 남쪽의 수증기와 북쪽의

찬 기류가 동해안 쪽에서 대관
령 쪽으로 유입이 쉽기 때문이
다. 실제 저기압 배치에 따른 인
공강설 실험 위치는 그림 14에
서처럼 A지역, B지역, C지역으
로 나누어지며 A+B지역에서
실험의 50퍼센트가 진행되었고,

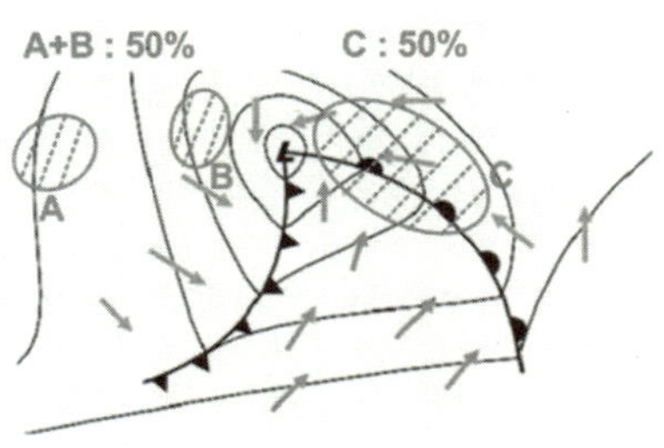

| **그림 14.** 저기압 패턴과
기상조절 실험 위치 |

나머지 50퍼센트는 C지역에서 실시되었다. 분석 결과는 C지역이 증설
효과가 가장 큰 것으로 나타났다.

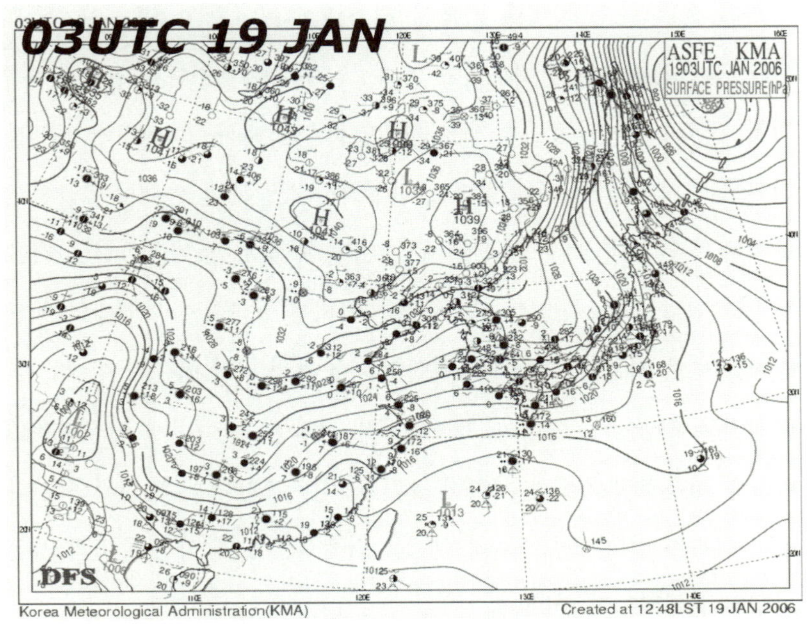

| **그림 13.** 2006년 1월 19일 12시의 종관(綜觀) 일기도(일정한 시각에 넓은 지역에 걸쳐 나타나는 기상 상
태를 기호나 등차선으로 표시한 지도) |

넓은 지역에 나타나는 대규모의 기압 배치뿐 아니라 좁은 지역의 산악 효과에 의해서도 인공증설 효과가 다르게 나타나는 것으로 분석되었다. 그림 15에서 A형의 경우는 강릉 지역의 높은 습도가 대관령 지역으로 유입되며 산악 효과에 의해 대관령 지역에 안개가 발생하는 사례다. 이러한 경우에는 안개가 동쪽으로 이동하면서 태백산맥의 가파른 경사면에서 강제 상승되어 단열팽창하고 대관령 부근에 도달한 안개는 강릉의 안개보다 많은 수증기와 과냉각 물방울을 가지게 된다. 그러므로 요오드화은 연소를 통해 빙정핵을 공급하면 강릉에 안개가 발생하지 않는 B형보다도 증설 효과가 더 크게 나타나는 것으로 분석된다.

한편 최근 남부 지방의 가뭄이 심하게 나타나고 있어서 인공증우(설) 실험의 필요성이 대두되고 있다. 우리나라는 중위도 편서풍대에 위치해 있어서 평균 주 1회 정도 저기압이 통과하며, 삼면이 바다로 둘러싸여 있기 때문에 구름 발달을 활성화시킬 충분한 수증기 공급원이 존재하고 있어 비교적 인공강우(설) 실험에 적합한 기상환경 조건을 갖추고 있다고 할 수 있다. 추후 전용 중대형 항공기가 도입된다면 상층바람이 센 저기압 주변에서 실험이 가능하게 되어 여름철 서해안 일대에서도 인공강우 실험이 가능하리라 생각된다. 이렇게 인공강우를 비롯한 기상조절 기술은 지역적 조건과 기상 조건에 매우 민감하며 다양한 결과가 나타나기 때문에 실험을 위해서는 오랜 사전 준비와 기초 실험이 선행되어야 한다.

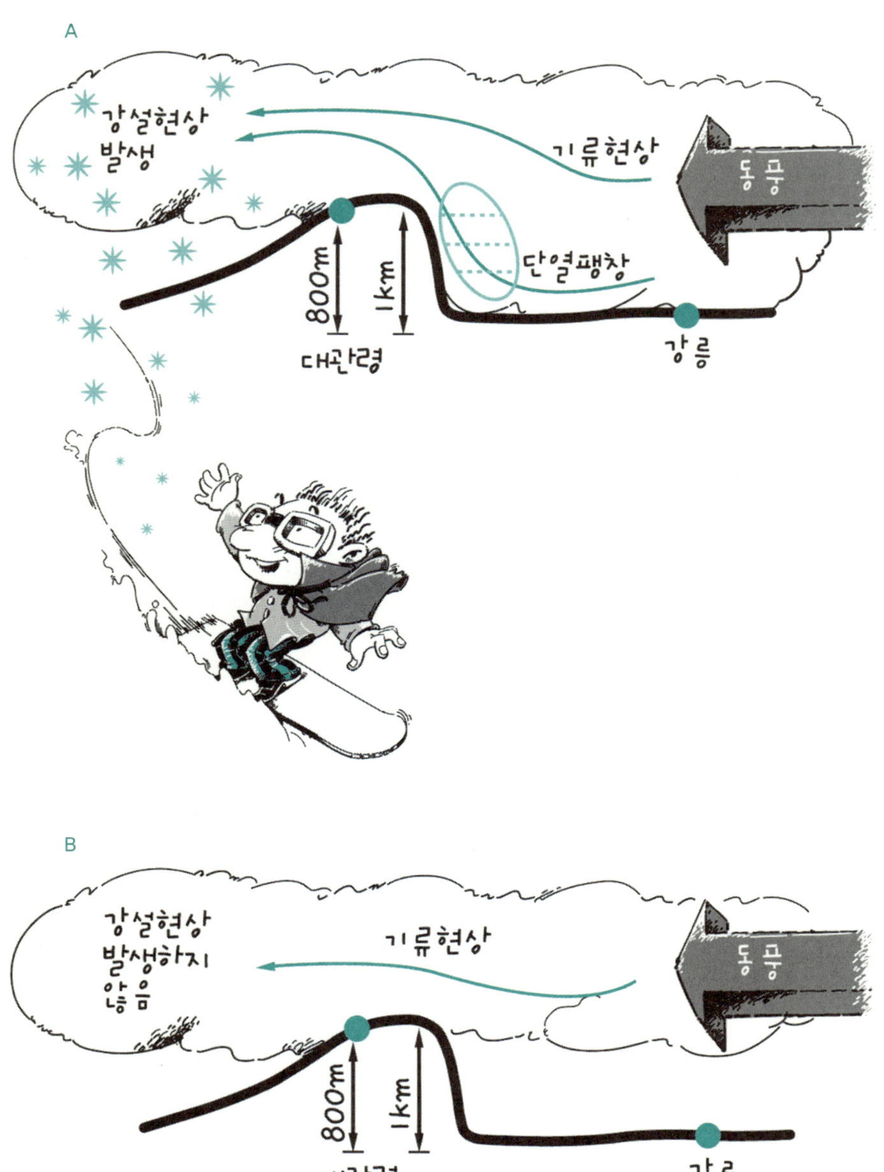

| 그림 15. 인공증설 효과에 영향을 미치는 산악 효과와 기류 방향 |

기상조절 효과 입증의 어려움 ☀

기상조절 기술에 의한 실험들이 진행될 때 미리 염두에 두어야 할 것 중 하나가 그 효과에 대한 확신이다. 이런 효과 검증 과정은 매우 어려운 것이 사실이다. 이와 관련하여 대단히 흥미로운 사례가 1952년 미국 워싱턴 주에서 있었다.

야키마(Yakima)라는 벚나무 과수원을 운영하는 농부가 버찌의 수확 시기만 되면 쏟아지는 비 때문에 매년 피해를 입자, 한 기상조절 전문가를 고용하여 강우 억제를 시도했다. 기상조절 전문가는 그동안 알려지지 않은 화학물질과 특별한 기술을 이용했다고 말했다. 그러나 같은 시기에 그 지역에서는 요오드화은 연소기를 이용한 구름씨 뿌리기로 강우량을 증가시키는 대규모 인공강우도 동시에 시도되었다. 한 인공강우 회사와 다수의 그 지역 대규모 곡물 농장주들이 시도했던 것이다. 마치 중국 고사에 창과 방패를 파는 장사꾼의 이야기를 배경으로 한 '모순(矛盾)'과도 같은 상황이었다. 결국 이 모순적인 상황의 궁극적인 결과는 알려지지 않았다. 어느 쪽이 더 적은 비용으로 더 효과적이고 만족할 만한 결과를 얻었는지 알 수는 없어 야키마의 사례는 인공강우 프로그램에 대한 좀 더 과학적이고 객관적인 평가의 필요성을 환기시키는 사건이 되었다.

인공강우 기술을 통해 생성된 강수는 일반적으로 자연적 강수에 10~30퍼센트가량 증가시키는 정도기 때문에 어떤 특정 지점의 연간 수량에 심각한 영향을 주지는 않는다. 구름씨 뿌리기는 항상 짙은 구름이 발달하고 있는 구름계에서 실시하므로 정상적인 강우 현상과 구분하여 결과에 대한 가시적인 효과를 정확히 측정하는 일은 쉽지가 않다. 그래서 많은 연구자가 정교한 센서를 이용해서 보다 복잡하고 다양한 상황에서 인공강우의 효과를 확실하게 검증하고자 하는 노력을 계속 해왔다. 빙정핵 및 응결핵 계수기, 운적과 빙정을 포집하기 위한 장비, 씨 뿌리기에 의해 생성된 강수를 추적하기 위한 레이더, 강수 시료(試料, 시험이나 검사에 쓰는 물질이나 생물)를 채수(採水)하기 위한 장비 등이 대표적인 예다

예를 들어 강수 속에 요오드화은 함량을 조사할 경우 효과 분석을 하기 위해 강수 시료를 채취하고 분석한다. 이처럼 직접적인 시료를 분석 하는 것을 '물리적 평가(Physical evaluation) 방법' 이라고 한다. 이런 평가 방법은 유익한 정보를 제공해주지만, 주어진 다양한 상황 아래에서 사람들이 관심을 보이는 모든 의문에 해답을 주지는 못한다. "구름씨 뿌리기에 의해서 생성된 강수량이 땅 위에 내리는 전체 강수량에 실제 얼마나 영향을 미쳤는가?"와 같은 질문에 답을 해주기에는 부족한 것이다. 구름씨 뿌리기가 행해진 구름에서 발생한 비는 요오드화은 입자에 의해 형성된 빙정핵에 의해서 왔거나 자연 상태에서 발생한 것이지만, 확실하게 구분하기에는 어렵기 때문이다.

기상조절의 효과를 평가하기 위해서 강수 기록을 조사하는 것은 불가피한 일이지만, 평가에 있어서 가장 큰 어려움은 기상 현상, 특히 강수 현상의 다양성이다. 구름씨 뿌리기 프로그램에 의해 만들어진 강수 효과들은 자연 배경 강수의 변동보다 작기 때문에 자료 처리에 있어서

도 임의의 잡음(noise)에서 미약한 신호를 찾는 것과 같고, 그 효과도 추정일 경우가 대부분이다.

그래서 대부분의 구름씨 뿌리기 프로그램 평가자는 주로 '통계적인 평가 방법'을 이용하여 검증한다. 5년간 같은 실험을 반복하고, 그 이전 약 20~30년간의 평균 강수량과 비교하여 평가하는 방법이다. 랭뮤어는 1949년 7월 21일 뉴멕시코에서 있은 구름씨 뿌리기 시도에서 하루 동안에 10^9세제곱미터 이상의 비가 만들어졌다는 것을 보여주기 위해 통계와 물리학적 논의를 제시하였다.

그는 1949년 12월 6일부터 실험을 시작했는데 뉴멕시코에서 매주 화·수·목요일에 요오드화은 연소기를 작동하여 미국 동부 전체에 내린 강우량에서 주기적인 효과를 찾으려고 했다. 랭뮤어가 참여했던 오하이오 계곡에서는 7일 주기의 강우가 나타났다. 대부분의 기상학자는 이 주장을 비판적으로 보았으나, 뉴멕시코의 씨 뿌리기가 원거리에서 집중호우에 영향을 줄 수 있다고 하여 1950년 1월 말부터 중지되었다.

인공강우(설) 프로그램 평가에서 가장 광범위하게 사용된 접근 방식은 한 개 이상의 조정지역(control area)의 실험 사례와 목표지역(target area)에서의 사례를 비교하는 것인데, 여기서 조정지역이란 씨 뿌리기에 의한 영향을 받지 않는 지역이라 가정한다. 목표지역과 조정지역 사이의 단순한 비교는 각각의 강우량을 정규 백분율로 계산하는 것이다. 여기서 '정규(normal)'라는 것은 미리 지정된 기간의 평균 강우량을 의미한다. 정규 백분율 비교는 일부 실용 프로그램 평가에서 사용되어왔다. 주어진 시행 기간에 목표지역의 평균 강우량이 75퍼센트였고 조정지역은 평균 강우량이 70퍼센트였다고 가정하면, 구름씨 뿌리기에 의해 강우가 75/70, 즉 약 7퍼센트 증가했다고 평가할 수 있다.

기상조절 실험을 평가하는 데 있어서 목표지역을 설정하여 목표 및 조정 지역 간의 강우 비교를 통한 효과 분석은 오류를 범할 위험성이 많다. 따라서 목표와 조정 지역 간의 강우를 비교할 때에는 백분율 비교 방법보다 회귀분석 방법을 더 많이 사용하고 있다. 이를 이용하여 목표지역과 조정지역 간에 강우의 다양한 관계를 예상하고, 씨 뿌리기 기간에 목표 및 조정 지역 관계에서 관측된 강우 변화 확률도 추정할 수 있다(Thom, 1957a).

우리나라도 대관령 구름물리선도관측센터의 구름물리관측시스템(CPOS, Cloud Physics Observation System)을 구축하여 지속적인 관측을 수행하고 있다(그림 16). 이러한 다양한 관측 장비들은 대체로 인공 강우 또는 안개 소산 실험 전후의 안개, 강우 또는 강설 입자의 변화를 측정하여 실험에 대한 물리적 검증에 이용되고 있다.

| 그림 16. 대관령에 구축된 구름물리선도관측센터 |

국립기상연구소에서 수행하는 기상조절 비행실험의 경우는 구름물리선도관측센터를 중심으로 구름씨를 뿌려 용평 지역에 눈을 내리게 하는 것이 목표이므로 구름물리선도관측센터가 조정지역이 되고, 용평 지역이 목표지역이 된다. 두 지역에서 관측된 강우 강도 값과 수 농도 값, 레이더 반사도의 변화 정도를 비교하여 실험 전후의 결과를 분석한다.

chapter 2

대관령 구름물리선도관측센터에서는 무슨 일을 하고 있을까?

앞서 살펴본, 실험 이전에 확보되어야 할 조건들에 대한 준비가 완료되면 다음은 실험 실시 단계다. 우리나라는 최근 3년간(2006~2008년) 대관령 구름물리선도관측센터에서 지상 연소기를 이용한 소규모 인공강설 지상실험을 실시하였다. 특히 2006년도 1~2월에 실시한 동계 지상실험에서는 25회 실험에서 8회 증설 효과 확인으로 성공률 32퍼센트를 보였다(Lee 등, 2008). 이는 태백산맥 지역에 대규모 인공강설 실험을 수행할 수 있는 기본적인 여건이 확보되었음을 뜻하는 것이다. 지상 인공강설 실험의 성공적 검증에 힘입어 2008년도에는 최초로 Ka-밴드 레이더(35기가헤르츠 대역의 전자기파를 발사하는 레이더로 35기가헤르츠를 Ka-밴드라고 칭함)와 입자 계수기 등의 장비를 탑재한 경비행기를 이용한 중규모(100제곱킬로미터) 인공강설 실험을 실시하였다. 이로써 우리나라도 본격적인 기상조절 단계에 접어들었다고 할 수 있다.

대관령 지상 인공강설 실험[☀]

먼저 기상청 국립기상연구소가 지난 3년간(2006~2008년) 구름물리 선도관측센터에서 지상 연소기로 소규모 인공증설 실험을 수행한 과정을 살펴보도록 하자. 동풍에 의해 태백산맥을 타고 상승하는 구름은 수증기 과포화 상태가 되어 인공강설이 성공할 가능성이 크다는 점이 대관령이 실험지역으로 선정된 배경이다. 이러한 산악의 지형성 구름을 이용한 지상 인공강설 실험은 해외의 많은 과학자(Donald et al., 1975; Hobbs, P. V., 1975; Zhidong and Pitter, 1996; Kenichi et al., 2003)에 의해 이미 실행되고 검증된 바 있다.

1986년 3월, 대관령과 비슷한 환경인 콜로라도의 그랜드메사(Grand Mesa) 지역에서 비행기와 지상 요오드화은 연소기를 활용한 인공강설 실험이 성공한 바 있다. 과포화 상태의 구름에 지상 연소기 실험을 한 결과 1분 정도의 빠른 시간 안에 강설 입자가 생성되는 사례가 보고되었다. 이 빠른 증설 과정은 리(Li)와 피터(Pitter)가 1996년에 실험 성공을 보고하면서 '강제응결결빙과정(Forced condensation freezing process)'이라고 명명되었다. 이는 매우 성공적인 방법론으로 인정받았으며, 우리의 실험도 이 모델을 기초로 구성되었다. 이러한 빠른 증설 과정이 실제적으로 실현되면 스키장 같은 지역에 대해서 증설 실험을 활용할 수 있기 때문에 대관령 지역의 특성상 가장 적합한 실험 모델이다.

2006~2008년까지 3회에 걸쳐 실시된 지상 인공강설 실험은 그림 17처럼 구름물리선도관측센터에 동풍 계열의 안개 및 하층운이 유입되고, 기온이 약 -5℃ 이하, 풍속이 초속 5미터 이하의 동풍 계열의 안개, 즉 구름이 유입되는 조건에서 실시하였다. 실험 대상을 동풍 계열의 안개로 설정한 것은 동해상에서 들어오는 기류가 태백산맥의 산악효과로 과포화 구름 상태로 대관령에 유입되기 쉽기 때문에 인공강설실험을 더 효과적으로 수행할 수 있기 때문이다(그림 18). 그리고 이러한 실험 조건은 리와 피터가 제시한 강제응결결빙과정의 조건에 적합한 것이다.

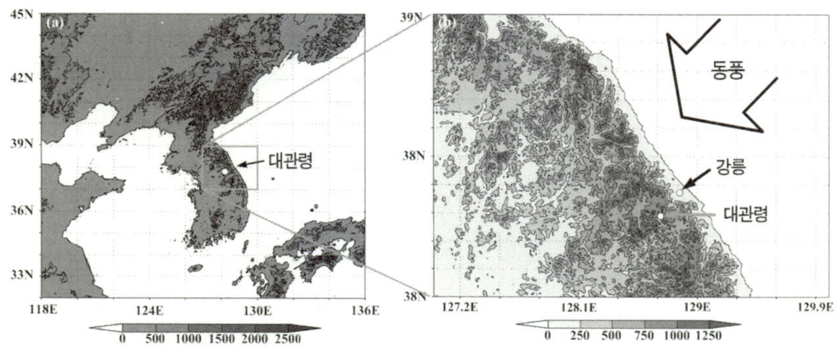

| 그림 17. 대관령 구름물리선도관측센터 위치와 지형 |

지상 인공강설 실험은 그림 19의 실험 개념도처럼 네 대의 요오드화은 지상 연소기를 이용하여 동풍 안개에 지표 온도가 -5℃ 이하일 때 요오드화은을 안개(구름) 속에 직접 주입했다. 대기 중에 살포된 요오드화은은 과포화된 수증기와 만나서 빙정핵으로 작용한다. 그림 19에서 보는 것처럼 생성된 강설 입자와 요오드화은 지상 연소기에서 40미터 떨어진 초음파 적설계와 미세먼지 질량 측정기에서 관측되었다. 그리고 지상 연소기로 매 실험마다 30분씩 연소 실험을 수행했으며, 연소 후 30분 동안 관측이 이루어졌다. 이러한 조건에서의 실험들은 대체로 성공적인 결과를 보여주었으나 모든 실험이 그랬던 것은 아니었다.

강릉 지역의 상대습도가 낮아 구름물리선도관측센터에 유입되는 구름이 충분히 과포화 상태에 도달하지 못했을 때에는 증설 효과가 나타나지 않았다. 2007년의 지상 인공강설 실험에서는 지상 온도가 요구되는 실험 조건보다 높았고, 강릉의 상대습도가 88퍼센트보다 낮은 상태였다. 또한 실험 시에 풍속도 지나치게 강해서 구름씨가 분산되었던 것으로 보인다.

이러한 지상 인공강설 실험 과정에서 얻은 성과를 요약하면 다음과 같다. 지상 인공강설 실험은 상대습도가 높은(88퍼센트 이상) 강릉으로부터 구름물리선도관측센터 방향으로 약한 풍속의 동풍 안개가 유입될 때, 그리고 적은 양의 요오드화은을 연소·주입시킬 때 강제응결결빙과정에 의해서 증설 효과가 나타난다는 것이다. 이런 높은 습도의 동풍 유입이라는 기상 조건은 대관령과 강릉에 국한된 것이 아니라 태백산맥을 따라 전반적으로 나타나는 넓고 일정한 패턴이기 때문에, 태

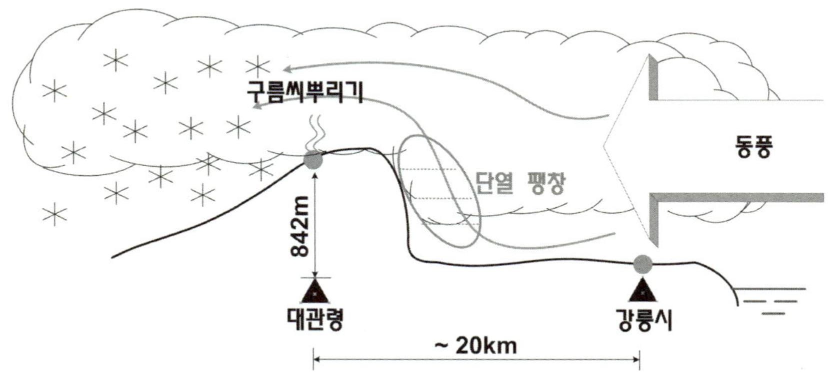

| 그림 18. 대관령 구름물리선도관측센터에서 산악 구름에 인공강설 실험을 수행할 조건을 나타낸 개념도 |

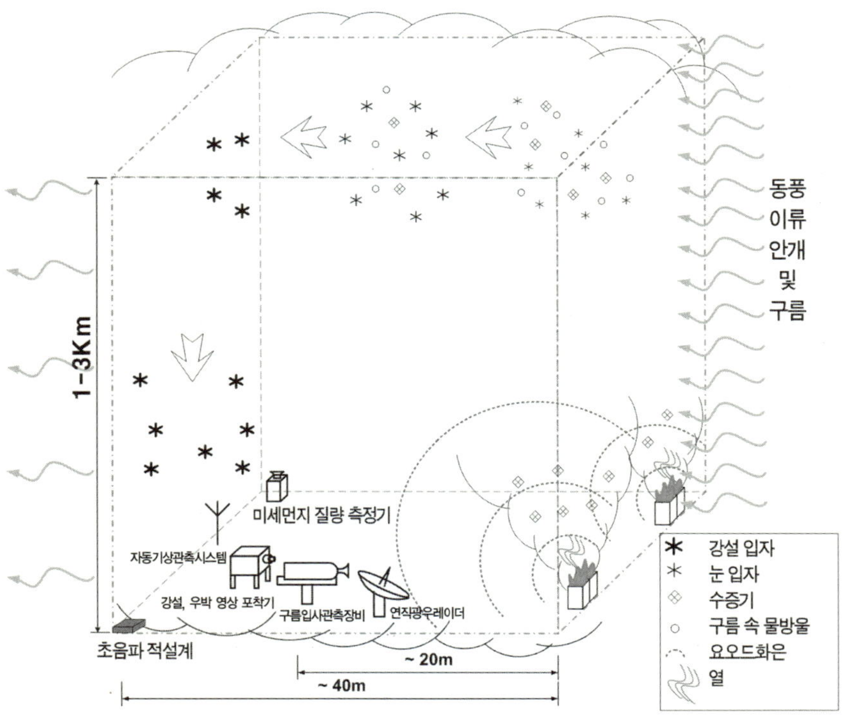

| 그림 19. 인공강설 실험 개념도 |

백산맥 전체에 걸쳐 인공증설 실험이 가능할 수 있다는 것을 말한다. 또한 이는 태백산맥을 따라 대규모 실험이 실시된다면 상당한 증설량을 확보하는 게 가능하다는 것을 의미한다. 3년간에 걸친 이러한 지상실험은 다음에서 설명할 2008년 본격적인 인공증설 비행실험의 기반이 되었다.

비행기를 이용한 ☀ 용평 스키장 눈 만들기 프로젝트

최근까지의 항공기를 이용한 인공강설 실험은 구름에 인공적인 씨를 뿌려 넓은 지역에 눈을 내리게 하는 기술로, 특정 목표지역에 한정한 인공강설 기술은 아직 개발되지 않고 있다. 2008년, 용평을 목표지역으로 세 차례에 걸쳐 실시한 인공증설 비행실험은 특정한 목표지역을 설정하여 실시한 실험이었다.

국립기상연구소 기상조절연구팀은 대관령 구름물리선도관측센터를 기점으로 100제곱킬로미터의 실험지역을 선정하여 1973년에 피터와 프루패처(Pruppacher)가 제시한 '접촉결빙과정(Contact Freezing Process)' 원리를 이용한 인공강설 목표지역 비행실험을 수행하였다. 접촉결빙과정은 비행기에서 살포된 인공 구름씨와 과냉각된 구름방울의 충돌 과정으로 빙정이 생성되게 만드는 방법으로, 보통 구름씨 살포 후 구름 속 충돌·병합 과정을 거쳐 중력에 의해 평균 1시간(30분

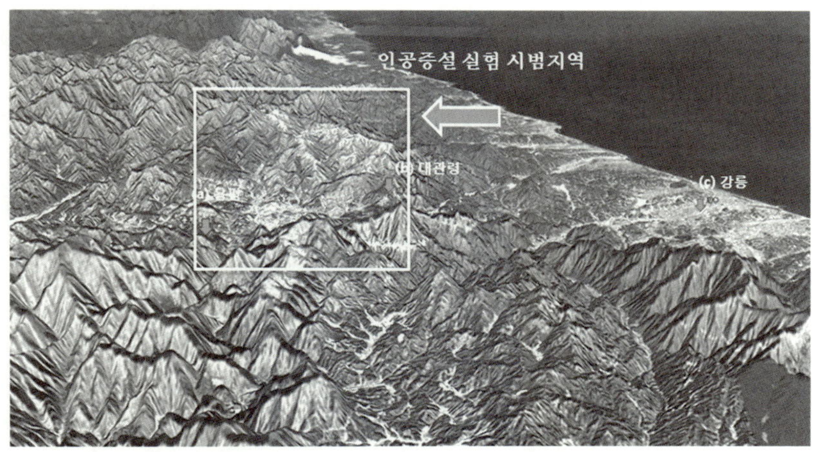

| 그림 20. 인공강설 비행실험 실시: 노란색박스(10km×10km)는 인공강설 비행실험 지역이고 (a)는 용평 스키 리조트, (b)는 대관령, (c)는 강릉(출처: Google Earth Map) |

~1시간 30분) 사이에 지상에 강수로 나타난다.

그림 20을 보면 인공강설 비행실험이 실시된 강원도 지역은 우리나라의 대표적인 산악 지역으로 태백산맥이 내륙과 바다 사이에 남북으로 길게 이어져 있으며, 11~3월까지 기온이 영하 상태로 지속되기 때문에 앞에서 언급한 인공강우(설)의 조건에 적합하다.

태백산맥을 통해 상승한 구름이 과포화 상태일 때 구름 속의 상태는 과냉각된 구름방울들로 가득 차 있지만 빙정핵이 부족한 상태기 쉽다. 그리고 산맥을 타고 상승하는 과정에서 구름 속의 충돌·병합 과정은 매우 느리게 진행된다. 2008년 인공강설 목표지역 비행실험은 이와 같은 조건에서 인공적으로 구름에 빙정핵을 대신할 수 있는 물질인 요오드화은을 비행기로 운정 또는 운중에 뿌려 인공적으로 강설을 유도하는 것이었다. 비행실험에서의 조건을 그림 21과 같이 종합해보면, 동

| **그림 21.** 태백산맥을 이용한 인공강설 비행실험의 조건 |

해에서 동풍류에 의해 유입되는 겨울철 차가운 구름이 태백산맥의 산 사면을 타고 상승하면서 구름이 과포화된 상태로 구름 속 온도가 -20°C, 풍속은 초속 5미터 이하인 조건이었다.

이번 비행실험에 사용된 구름씨 물질은 요오드화은과 액체질소(LN2)다. 그림 22는 실제 비행기에 설치된 요오드화은 연소기의 모습으로 양쪽 날개에 각각 5개씩 설치했다. 액체질소는 그림 23과 같이 총 35리터의 연료통을 비행기 내부에 설치하고, 분사 장치는 비행기 동체 바닥에 설치하여 아래 방향으로 분사되도록 고안했다. 비행 인공강설 실험에 참여한 비행기의 최대 한계고도는 4.7킬로미터(실제는 산소장치가 없어 3킬로미터가 한계), 최대 속력은 시속 285킬로미터로 민간 항공기인 세스나206를 빌려서 사용하였으며(그림 24), 비행기 동체 아래에 Ka-밴드 레이더를 설치하여 구름씨를 뿌린 후의 증설 효과를 검증하

| **그림 22.** 비행기 날개에 설치된 요오드화은 연소기 |

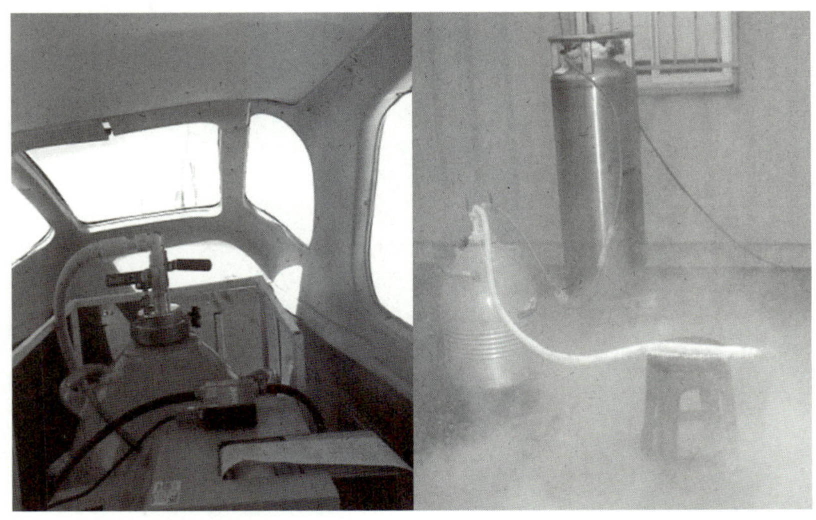

| **그림 23.** 비행실험에 사용된 액체질소: 항공기 장착 모습(좌)과 항공기 장착 전 지상시험 모습(우) |

| **그림 24.** 인공강설 비행실험에 사용된 민간 항공기 세스나206 |

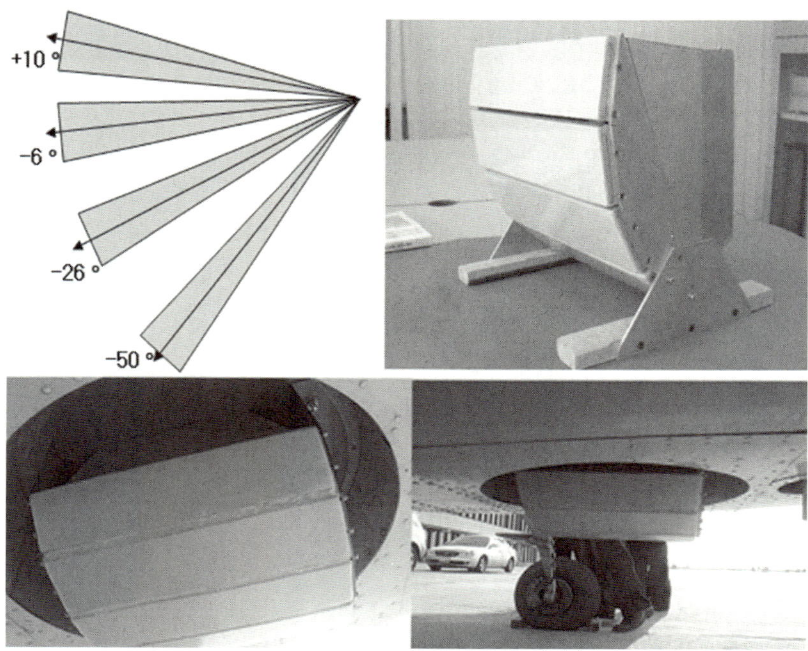

| **그림 25.** 광주 한국과학기술원에서 개발하여 실험에 투입된 항공용 Ka-밴드 레이더: 세스나206 동체 아래에 설치되어 실험 전후 효과 분석에 이용함 |

고자 하였다(그림 25).

이번 실험은 목표지역에 강수를 유발하기 위해 구름씨 뿌리기 경로를 풍속에 따라 다르게 실시하였다. 그림 26의 수직 개념도와 같이 동해에서 유입되는 구름의 풍속과 풍향을 강릉에 설치되어 있는 수직측풍계(Wind Profiler)로 관측하여 고도별 평균 풍속이 초속 3~5미터 이하였던 3월 3일에는 그림 27의 A라인에, 초속 3미터 이하였던 3월 4일과 14일에는 B라인에 빙정핵 뿌리기 실험을 수행하여 목포지역에 증설을 유도하고자 하였다. 또한 증설 효과를 검증하기 위해 관측지역인 대관령 구름물리선도관측센터에 지상 관측 장비인 연직강우레이더와 강수의 낙하 속도와 수 농도 분포를 측정할 수 있는 광학 강수입자 측정기, 수액량 및 강수량을 측정할 수 있는 마이크로 라디오미터를 설치하여 비행실험의 가능성 감시, 실험 중 관측 그리고 실험 전후 검증

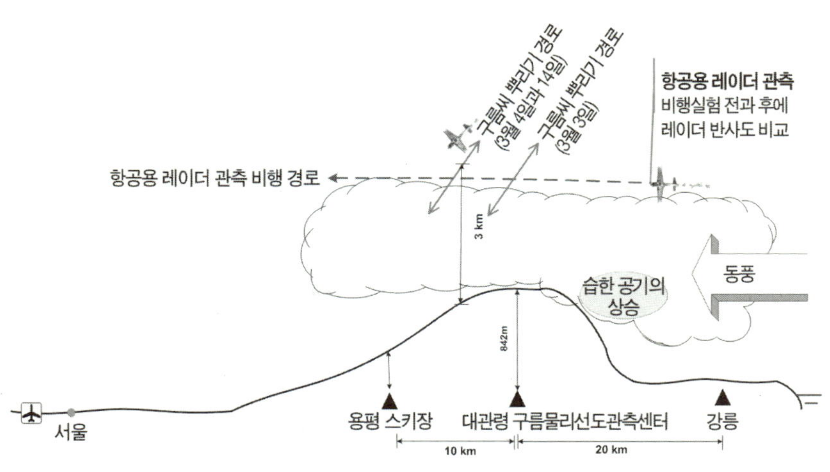

| 그림 26. 인공강설 비행실험 수직 개념도 |

을 실시하였고, 목표지역인 용평 스키 리조트에 강우레이더와 광학입
자 계수기를 설치하여 구름씨를 뿌린 후 30분~1시간 30분이 지난 시
점에 강수의 존재를 확인하고자 하였다.

총 세 번의 비행실험 중, 두 번째 실험일인 3월 4일 실험에서 인공강
설 효과가 보다 확연히 나타났다. 수집된 관측 결과를 분석해보면, 그
림 28과 같이 요오드화은을 뿌린 후 약 20분 후에 구름씨 뿌리기 지역
부터 레이더 반사도가 증가하는 모습이 분명하게 나타났다. 또한 용평
지상에 설치된 강설입자 계측기(디스트로메타)에서도 역시 요오드화은
살포 후 약 30분이 지난 시점부터 강설 입자의 농도가 급격히 증가하

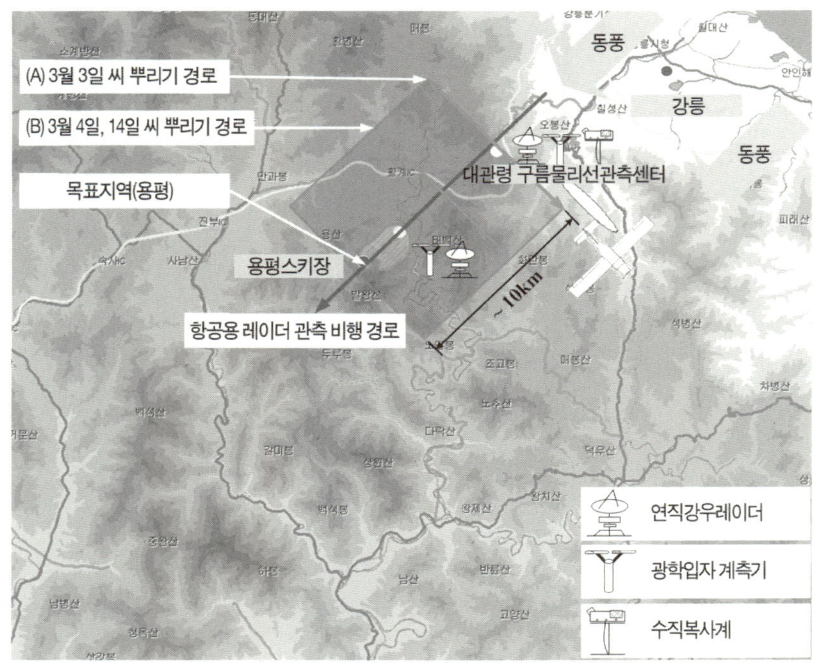

| 그림 27. 인공강설 비행실험 수평 개념도 |

는 것이 보였다. 지상 레이더 자료로 실험 전후를 분석해 볼 때 실험지역으로의 구름 유입이 없는 것으로 나타나 자연적인 증설이 아닌 요오드화은 살포에 의한 인공 증설 효과임을 다시 확인할 수 있었다.

3월 3일의 경우 그림 29와 같이 액체질소 살포 전후의 레이더 반사도를 비롯한 각종 데이터 분석 결과에서 증설로 추정되는 강설 입자의 농도가 증가하는 것으로 나타났으나, 지상 레이더 관측 결과에서 영서지역으로 구름 이동이 관측되어, 적설량이 증가한 것이 인공강설 실험 효과인지 자연적인 것인지에 대한 검증은 다소 어렵다.

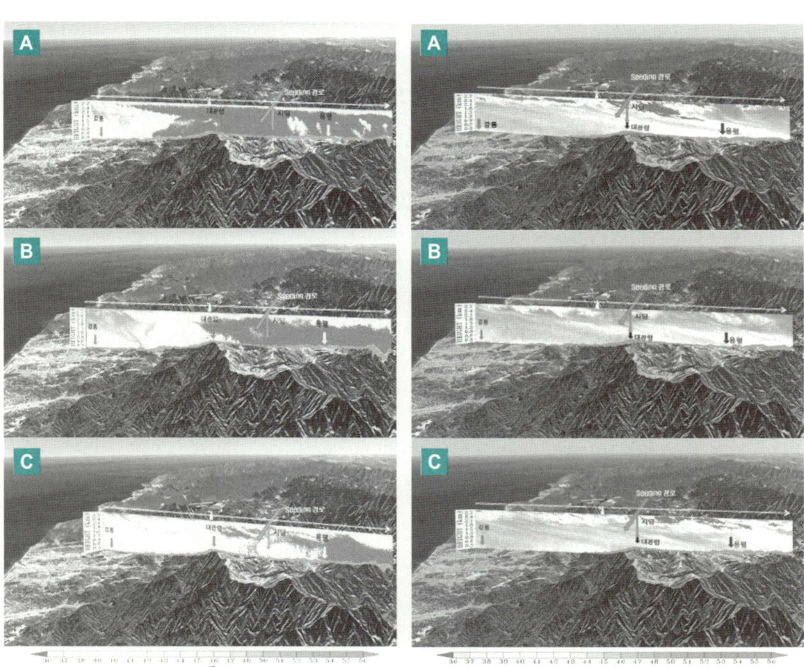

| **그림 28.** 2008년 3월 4일 인공강설 비행실험의 관측 결과: A는 액체질소 살포 전(13시 55분), B는 액체질소 살포 후(14시 35분), C는 요오드화은 분사 후(15시 13분)의 항공 레이더 관측 결과임 |

| **그림 29.** 2008년 3월 3일 비행실험의 관측 결과: A는 액체질소 살포 전, B는 액체질소 살포 후, C는 요오드화은 살포 후 항공레이더 관측 결과임 |

　　마지막 실험일인 3월 14일의 경우에는 그림 30처럼 실제 실험지역의 대기 상태는 층운(하층운에 속하는 층 모양의 구름) 계열로 전체 하늘에 구름이 뒤덮인 상태였으나, 그림 31과 같이 액체질소 살포 전후 아무런 변화가 나타나지 않았다. 실패 원인을 규명하기 위해 대관령 구름물리선도관측센터에 설치된 마이크로 라디오미터로 관측한 자료를 분석한 결과 1·2차 인공강설 비행실험 시에는 실험지역 주변에 충분한 양의 수액량(과냉각 물방울 개수에 비례)이 존재하고 있음을 확인했으나, 3월 14일 실험의 경우에는 실험이 시작되자마자 실험지역 부근의 수액량이 급격히 감소한 것으로 나타났다. 결국 빙결 과정에 필요

| 그림 **30.** 2008년 3월 14일 인공강설 비행실험 시 하늘 상태 |

한 과냉각 물방울이 부족하여 증설 효과가 나타나지 않은 것으로 판단된다. 즉 인공강설 비행실험에서 수액량 변화가 증설에 큰 영향을 미치는 요소로 판단되었고, 기상조절 실험을 성공적으로 수행하기 위한 조건은 예상 외의 많은 대기물리 변수가 존재한다는 점을 확인했다.

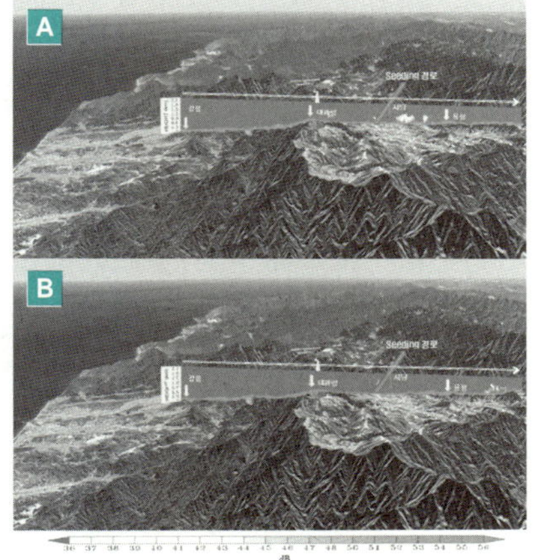

그림 31. 2008년 3월 14일 인공강설 비행실험의 관측 결과: A는 액체질소 살포 전, B는 액체질소 살포 후 항공용 레이더 관측 결과임

우리나라의 경우 1963년 처음 인공강우(설) 실험이 실시된 이래 연구의 연속성이 떨어지고, 외국에 비해 인적·물적 투자가 현저히 부족하여 인공강우에 대한 실용화가 선진국에 비해 상당히 뒤쳐졌다. 그러나 2008년에 실시된 인공강설 비행실험은 우리나라에서는 처음으로 목표지역을 한정하여 실시한 실험으로 의미하는 바가 크다. 2003년 이후 태백산맥의 대관령 구름물리선도관측센터를 구축하고 지속적인 관측을 통한 지형의 이해와 수차례에 걸친 지상실험을 통해 노하우를 축적하여 이를 바탕으로 체계적인 경험을 쌓아온 결과이기 때문이다.

하지만 모든 과학기술이 그렇듯이 기술이 반복되어 같은 결과가 나타나야 실제적인 기술이라 할 수 있다. 따라서 선진국처럼 최소 5년 단위의 지속적인 반복실험을 통해 목표지역 인공강우(설) 기술을 확립해 나가야 할 것이다. 비행실험 자체가 매우 고무적인 일이긴 하지만, 실용화까지는 아직도 많은 시간이 필요하다는 것을 깨닫게 하였다.

연평균 강수량이 100밀리미터가 채 되지 않는 사막기후에 비가 절실한 아랍에미리트(UAE)도 2001년부터 인공강우 실험을 진행, 무려 7년 만인 지난 2008년 5월 첫 인공강우에 성공했다. 2001년 한 해에만 비행기를 200회 정도 띄워 기상 자료를 수집하고 구름씨를 살포하는 실험을 할 만큼 집중 투자했으나 그 작은 성공은 7년 만에 찾아왔다. 이에 비해 우리는 겨우 세 번의 비행실험에서 비록 한 번이지만 성공적인 실험 결과를 얻어낸 것이었다.

대관령의 안개를 없앤다

안개 소산 실험 역시 구름물리선도관측센터에서 실시되었다. 해발고도 842.5미터의 고지대에 위치하고 있는 이곳은 하층운과 안개가 빈번하게 발생해 구름 및 안개 관측과 기상조절 실험을 하기에 최적의

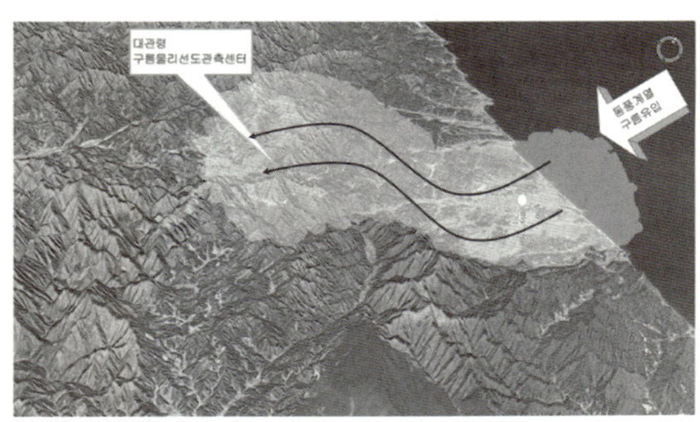

| 그림 32. 지형 및 동풍으로 인한 지형성 이류구름(안개)이 강릉에서 대관령으로 유입되는 모습의 개념도 |

장소다. 그림 32는 이 장소의 지형과 이곳으로 안개가 상승하는 모습을 보여주고 있다. 그림에서 굵은 원으로 표시된 지점이 관측센터다. 강릉시 부근의 동해안에서 발생한 안개와 산악에 의해 형성된 안개가 산맥을 타고 오를 때 통과할 수밖에 없는 지점이다.

자연 상태의 안개를 제거하기 위한 효과적인 실험 방법으로 목표지역 주위를 이동하면서 연소탄을 연소시키는 이동 씨 뿌리기 방법을 선택했다. 연소탄을 한 위치에 고정시켜 연소시키는 고정 씨 뿌리기 방법보다 비용 대비 더 좋은 실험 효과가 기대되었기 때문이다. 안개를 소산시킬 수 있는 더 좋은 방법을 찾아내기 위해 이동경로에 따라 서로 다른 두 개의 안개 소산 씨 뿌리기 방법을 구사했다. 선형 씨 뿌리기와 원형 씨 뿌리기인데, 선형 씨 뿌리기는 안개 유입 방향(동풍)의 직각으로 왕복 시행하면서 안개를 차단하는 방법이고, 원형 씨 뿌리기는 목표지역을 둘러싸면서 순환하는 방법이다(그림 33).

각각의 실험은 씨 뿌리기 실험 효과가 없어지는 데 필요한 최소한의 시간인 1시간 간격으로 실시하였다. 사용된 흡습성 연소탄은 염화칼슘이 주원료로 미국 ICE 사(Integrated Circuit Engineering Corp.)에서 생산한 제품이다. 이 연소탄은 초당 약 0.5×10^{11}개의 응결핵을 생산한다. 그림 33은 안개 소산 실험을 실시한 관측지점의 실험 장비 및 관측기기 배치도를 나타낸 것이다(북쪽이 앞쪽이고 남쪽이 뒤쪽이다). 동풍이류 따뜻한 안개가 유입되는 방향에는 수평뿐 아니라 수직으로 바람을 관측할 수 있는 자동기상관측시스템(AWS, Automatic Weather System)이 있다. 그림에서 원은 원형 씨 뿌리기 경로를, 직선은 선형

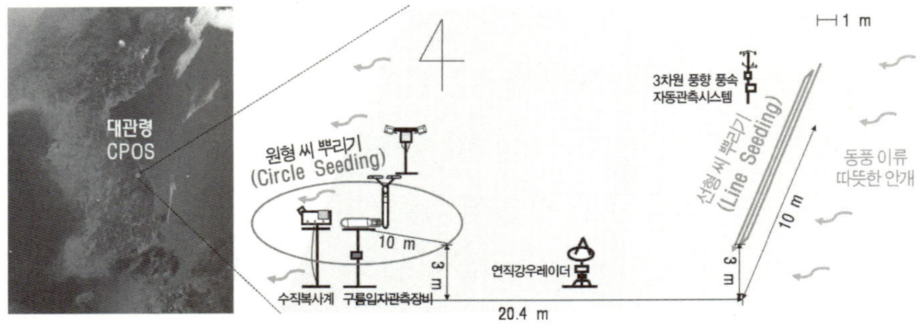

| 그림 33. 씨 뿌리기 경로에 따른 안개 소산 실험 장비 배치도 |

씨 뿌리기 경로를 보여준다.

일반적으로 원형 씨 뿌리기의 효과 시간이 선형 씨 뿌리기에 비해 빠르게 나타났다. 그러나 실험 후 시정 개선 시간은 선형 씨 뿌리기가 원형 씨 뿌리기에 비해 길게 지속되고, 시정 개선 효과도 더 크게 나타났다. 이는 일반적으로 선형 씨 뿌리기가 원형 씨 뿌리기에 비해 시정 개선이 효과적임을 뜻한다. 그러나 씨 뿌리기 효과 시간이 짧은 원형 씨 뿌리기도 빠른 대처가 필요한 위급상황(예를 들면 공항의 긴급 이착륙 같은)에는 보다 활용도가 높을 것으로 사료된다.

향후 안개 소산 유효범위 및 효과 강도에 대한 실험 연구가 더 필요하다. 이 실험의 성공 여부는 단지 실험 당시 나타난 가시적인 효과로 판가름 나는 것이 아니다. 지속적으로 반복해 같은 결과가 나오도록 노력해야 하고, 실험 관련 검증 자료들을 지속적으로 수집·축적하여 완전한 증명을 해야 한다. 유효범위에 대한 실험연구는 보다 넓은 실험지역을 필요로 하고 있다. 시범 공항에 대한 실험 실시 및 분석 연구가 필요한 시점이라 생각된다.

기상조절이 가져다주는 경제적 이익

이제 조금 더 구체적으로 기상조절을 통해 우리가 얻을 수 있는 경제적 이득에 대해서 생각해보자. 이런 경제적 이익은 실용화 과정을 결정하는 핵심적인 요인이다. 그러므로 효과 검증과 함께 경제적 손익에 대한 정교한 연구는 필수적이며, 이미 다양한 보고가 제출되어 있다.

미국의 대규모 인공강우(설) 실험은 평년에 비해 10~20퍼센트 강수 증가를 보고하고 있다. 그리고 중국은 2006년 보고서에서 중국 각 지역의 인공강우(설) 실험으로 22퍼센트의 증우 효과를 보았다고 보고하였다. 인공강우(설)로 강우(설)가 10~20퍼센트 증가한다는 것은 효과를 본 면적에 비례한다. 연간 수량이 1,000밀리미터인 500제곱킬로미터인 지역에 약 20퍼센트의 증우가 가능하다면 연간 200밀리미터 증가지만 효과 면적에 비례하여 1억 톤의 물을 얻을 수 있으며, 이는 1년간 약 7만 명에게 공급할 수 있는 양이다.

중동 사막 지역의 국가들과 같이 수자원이 부족한 나라에서는 인공강우 실험이 단순히 경제적 이익 차원이 아닌 국가적 위기 대응 전략 기술이며 우리나라도 지구온난화로 인한 지역적 가뭄에 대한 국가대응책 중 하나로 고려되고 있다.

한편 안개의 경우 각종 운송 수단 운행에 지장을 주어 심각한 인명 및 경제적 피해를 입힌다. 특히 안개로 인한 항공기의 결항이나 지연으로 인한 손실은 매우 크다. 짙은 안개로 인한 교통사고는 연쇄 사고를 일으켜 피해 규모가 크고 사망자도 많다. 교통사고에 대한 통계자료(2006년)에 따르면 안개 낀 날 교통사고 사망자 수는 맑은 날의 약 세 배에 이른다고 한다. 미국의 한 고속도로에서는 1981~1989년 동안 안개와 관련된 사고로 6,000명 이상이 목숨을 잃었다고 한다(NCHRP, 1998). 우리나라에서는 2006년 10월 3일 서해대교에서 차량 29대가 부딪혀 57명의 사상자를 낸 연쇄 추돌 사고가 있었다.

항공기의 첨단 이착륙 시스템의 발달에도 불구하고 안개의 존재는 비행기의 운항률을 크게 떨어뜨린다. 독일 메인(Main) 주의 프랑크푸르트 공항은 안개로 인한 항공기 지연에 따른 경제적 손실액이 약 시간당 25만 유로(Möller et al., 2003)로 추산된다고 보고하고 있다. 이 값을 기준으로 프랑크푸르트 공항과 규모가 비슷한 인천공항의 안개로 인한 결항 및 지연에 대한 경제적 손실을 산정해보았다.

인천공항의 지연/결항 횟수는 김포공항과 같다고 가정하였는데, 안개로 인한 김포공항 지연/결항 횟수(김포공항기상대 협조)는 2000~2005년간 지연은 1,051회, 결항은 886회였다. 김포공항의 항공기 지연은 0.5시간, 결항은 2시간 지연으로 가정하였다. 그러면 2000~2005년까지의 지연/결항 횟수를 이용한 인천공항의 안개로 인한 연평균 손실액은 약 1,000억 원으로 추산된다(장기호 등, 2006). 안개 소산 기술이 적용되어 이 문제를 10퍼센트라도 줄일 수 있다면 연 100억 원 이상의 경제적 손실을 절감할 수 있다. 이처럼 간단히 살펴본 규모만으로도 기상조절의 실용화로 얻을 수 있는 막대한 경제적 이익을 짐작할 수 있다.

기상조절로 수자원을 관리한다 ☀

전 세계적으로 강수량이 적은 반면에 증발량이 심한 지역은 수자원 관리에 매우 많은 어려움을 겪고 있다. 또한 여러 국가가 인접한 하나의 강줄기를 이용하는 경우는 수자원 문제가 국가적 분쟁을 일으키기도 한다. 이러한 지역에서의 기상조절 기술과 관개 기술(댐 건설, 지하수 개발 등)의 필요성은 크다. 두 가지 기술이 가능할 경우 우기 동안 기상조절 기술로 증가된 강수량을 적절히 개발된 관개 기술로 저장하고, 건기 동안에 저장된 물을 사용할 수 있다. 이런 방식으로 여러 해를 거치면서 얻어진 수자원은 경제적 가치를 산출할 수 있다.

미국의 예를 보자. 여러 해 동안에 이루어진 회귀분석을 통해 알아본 결과, 시에라 네바다(Sierra Nevada) 남서부에 있는 저수지에 저장된 물은 요오드화은 씨 뿌리기에 의해서 약 5~10퍼센트의 증가를 보였다. 저수지의 크기는 1,000제곱킬로미터 정도였다. 이 지역에서 실시된 대부분의 운영 프로그램은 중요한 강 줄기 하나와 그 지류를 포함하며, 통계적 연구 결과에 의하면 연간 증가되는 물의 양은 약 $5 \sim 8 \times 10^7$세제곱미터다. 따라서 1945년 이후부터 저수지 상류지역에서 운영되는 인공강우 프로그램에 의해 연간 평균적으로 증가되는 물의 양을 돈으로 환산해보면 수백만 달러에 달한다. 이는 수력발전에 사용될 만큼 충분한 양이다.

한편 수력발전을 위한 물 확보는 겨울철 강설을 증가시키는 방법으로도 가능하다. 눈의 수송과 재분배는 경제에 영향을 미칠 가능성이 높다. 예를 들어 미국의 카스카다(Cascada) 산을 넘어 동쪽으로 이동된 많은 양의 눈은 건조한 지역(워싱턴과 오레곤 동부)으로 물을 공급하는 하나의 수단이 된다.

그러나 이런 기상조절을 지나치게 과신해서는 안 된다. 예를 들어, 중국 기상 당국은 최대 6,500만 헥타르에 이르던 겨울 가뭄 피해 면적이 2008년에는 4,200만 헥타르로 3분의 1가량 줄었다고 밝혔다. 그러나 겨울 가뭄은 오히려 더 심해져서 2008년 겨울 가뭄이 지속되는 기간에 이를 해결하기 위해 하루에 투입한 인력만 최대 1,400여 만 명에 이르며, 공급한 물의 양도 66억 세제곱미터에 이르렀다고 한다. 지역적으로나 부분적으로는 인공강우로 가뭄이 완화되고 있으나 전체적으로 기후 자체를 제어하는 것은 쉽지 않은 문제다.

인공 비가 내리면 경제에 ☀
어떤 영향을 미칠까?

전 세계적으로 관개시설은 없으나 강수를 이용해서 제한적으로 농작물 경작을 하고 있는 곳이 많다. 우리나라의 내륙 지역, 북아메리카의 대평원과 아프리카, 오스트레일리아, 러시아의 대규모 경작 지역 등이 이러한 범주에 속한다. 여름철 이런 지역에 내리는 비의 대부분은 대류운(대류에 의해 생성되거나 발달하는 구름)에 의해 비롯되는데, 아직까지는 대류운에 의한 강수 증가 기술은 지형에 의한 강수 증가 기술에 비해 연구가 부족한 것이 사실이다. 이런 지역에서도 농작물 재배가 중요한 문제기 때문에 이런 지역의 강수 증가에 대한 폭넓은 연구는 지속되고 있다.

건조한 농업지역에서는 대체로 저수된 물을 이용해 농작물 생산 증가를 꾀한다. 하지만 이러한 농작물 생산 증가에 대한 연구는 일반적으로 작물 경작법 개량에 기대왔다. 농경제학자들은 농작물 수확량 산출 모형을 개발해냈는데, 이것은 강수와 농업 생산과의 함수관계에 대한 의문점을 연구하고 관개 개발이 어떤 영향을 끼치는지 예측하기 위해서다. 가장 단순한 수확량 산출 모형은 보통 강수와 기온값 변화에 따라 경작을 예측하는 방법이다. 최근에는 다중선형 회귀분석

마른땅에
비를 뿌리고...

잘 자란 농작물에는
우박을 피해주고...

(Multiple Linear Regression Analysis)과 토양 수분, 기온, 일사량 등의 기상 요소 간의 상관계수를 이용한 좀 더 복잡한 모형이 개발되었다.

이러한 건조 농업지역에서 발표한 기상조절의 경제적 효과에 대한 예측을 한 번 살펴보자. 이러한 예측은 구름씨 뿌리기에 의한 강수량이 계절별로 10~20퍼센트 정도 증가했다고 한다. 이는 가장 단순한 수확량 산출 모형에서 나온 연간 자료를 근거로 한 예측이다. 라미레즈(Ramirez, 1974)는 노스다코타 서부에서 농작물이 성장하는 계절 동안 강수량이 1밀리미터 증가한다면 경작물이 헥타르당 9킬로그램이 증가할 수 있다고 보고했다. 노스다코타의 전체 경작 지역에 이러한 방법을 적용해보면 총 경작량에 의한 소득은 연간 4억 달러 이상 증가될 것으로 추정된다. 이것은 계절 강수(자연 강수)에 의한 소득을 110퍼센트 증가시키는 액수다.

그러나 라미레즈의 분석은 지나치게 단순화된 것이다. 좀 더 세부적인 연구가 1972년 허프(Huff)와 상농(Changnon)에 의해 시도되었는데, 이것은 일리노이 지역에서 시도한 기상조절에 의한 경제적 이익이 매년 어떻게 변화하고 있는지 연구한 것이다. 과거에 있었던 경작과 강수와의 관계는 구름씨 뿌리기 계획과는 연관성을 갖지 않는다. 자연 강수는 평상시에 전체의 약 90퍼센트 정도며, 나머지 비는 구름씨 뿌리기에 의해서 만들어지는데, 이렇게 양쪽이 합해진 양이 100퍼센트가 되지는 않는다. 농작물 경작은 재배 계절에 걸쳐 강수 분포에 영향을 받으며 다른 기상 요소들과도 연관이 된다는 점은 매우 잘 알려진 사실이다. 따라서 좀 더 세밀한 모형에 의한 계산이 필요하다.

우박이 덜 내리면 경제에 어떤 영향을 미칠까?

우박이 농작물에 주는 피해는 우박 억제 프로그램의 필요성을 느끼게 한다. 미국에서 집계된 우박에 의한 농작물 피해는 연간 7억 달러에 이른다(Borland, 1977). 농작물 피해의 대부분이 우박대라 불리는, 고도 1,200~1,300미터 사이에 위치한 텍사스에서 몬태나와 노스다코타로 이어지는 높은 평원지대에서 생긴다. 이 지역의 우박 발생률은 다른 지역보다 평균 25퍼센트 정도 높다. 세계 도처에는 우박 문제를 안고 있는 곳이 많은데, 아르헨티나의 안데스 산맥 풍하 지역, 북이탈리아의 알프스 풍하대, 러시아 남부의 코카서스(Caucasus) 산 근처가 대표적이다. 이런 지역의 일부에서는 우박으로 인한 경제적 손실이 우박대보다 더 심각한데, 이것은 주요 농작물의 피해 때문이다. 과수원과 포도원 등이 이에 속한다.

과수나무와 포도가 입는 피해는 여러 계절에 걸쳐 피해가 지속될 수 있지만, 파괴된 농작물을 가치로 정확히 환산할 수는 없다. 왜냐하면 우박에 대한 공포는 농부들에게 빈번하게 피해를 받는 농작물 재배를 포기하게 만들기 때문이다. 또한 농민들은 우박 피해에 노출된 채로 농작물을 방치할 수 없어서 수학의 적기라고 생각되는 날보다 며칠 전에 농작물을 수확할 수도 있다.

어쨌거나 성공적인 우박 억제 프로그램이 상당히 경제적 이익을 안겨줄 것이라는 사실은 분명하다. 러시아의 우박 억제 프로젝트 운영자

는 그들의 실험 결과를 토대로 경제적 이득을 추정한 결과 연간 수천
만 루블의 이득을 얻었다고 주장하고 있다. 그러나 우박 억제 프로그
램으로 자칫 강수가 감소한다면 경제적으로 얻을 수 있는 장점을 잃게
될 수도 있다. 따라서 우박 억제 프로그램은 강수가 약간 증가하거나
현 상태를 유지할 수 있을 때에만 경제적으로 이득을 볼 수 있다. 이러
한 복합 효과에 대한 부분은 미국의 국가과학기술 기초연구를 수행하
는 우박억제기술보험평가(TASH, Technology Assessment of Hail
Suppression)에서 연구되어왔다. 이 연구는 경제적인 고려와 동시에
사회적 요인 및 법률적 요인을 함께 검토했다.

꼼꼼히 따져보는 기상조절의 순이익☼

기상조절로부터 얻어지는 잠재적 순이익 계산에서 운영의 직접적인
비용은 분명 공제되어야 한다. 노스다코타와 사우스다코타의 인공강
우 합동 프로그램은 대략 연간 100만 달러 정도의 예산이 투자되었다.
이러한 투자비용은 주당 이익이 연간 1억 달러 이상 예상되는 프로그
램에서 큰 장애요소는 아니다. 그러나 이 정도의 운영 비용은 안개 소
산 프로그램 같은 다른 유형의 프로그램에서는 심각한 장애요소가 된
다. 왜냐하면 안개 소산 같은 프로그램은 경제적으로 환원되는 양이
적기 때문이다.

기상조절 프로그램과 관련된 간접비용이란 것이 있다. 이 중 하나가

증가한 농작물의 처리 비용이다. 한 주에서 생산하는 밀 경작 증가분은 50만 톤 정도인데 이것은 수확, 저장, 수송 비용 등을 증가시킨다. 게다가 농부들은 생산성을 높이기 위해 여러 계절에 걸쳐 좀 더 비옥한 토양을 유지할 필요가 있다.

기상조절에서 얻은 이익에 대한 가장 중요한 제한요소는 가격에 의한 영향이다. 농작물 가격은 탄력성이 있고 유동적이다. 1976년 재활용자원위원회가 예측한 보고에 따르면 구름씨 뿌리기에 의해 미국의 콩 재배량이 5퍼센트 증가하면 콩 가격이 하락될 것으로 보고 있다. 기상조절 프로그램은 개인 생산자의 경우에는 그 효과가 미약하지만, 어느 정도 규모의 집단 생산자의 경우에는 효과가 클 수 있으므로 국지적 혹은 지역적 영향을 고려하는 것이 바람직하다.

오늘날 이러한 기상조절과 같은 변화에 의한 영향을 모두 평가할 수 있는 경제모형과 컴퓨터 같은 것은 없다. 지역경제 혹은 국가경제에 있어서 기상조절 관련 업무는 대체로 복합 경제모형을 이용한 것인데 현재도 진행 중이다. 모형 그 자체는 여전히 개발 단계에 있기 때문에 서로 모순된 출력 자료를 얻을 수도 있다. 그러나 이러한 모형을 사용하는 것은 그것의 긍정적인 경제적 영향이 무엇인지 간에 신기술 적용이 확산될 수 있게 해줄 것이다.

구름씨 뿌리기를 이용한 기상조절은 정확하게 측정하기는 어려우나 지금까지 밝혀진 것으로는 프로젝트의 설치 비용을 웃도는 경제적 이익이 있다고 알려져 있다. 미국에서는 우박 억제 하나만으로도 대략 연간 5억 달러의 이익을 기대할 수 있으며, 사전에 열대성 저기압을 하나 막았을 경우에는 10억 달러에 이르는 재산 피해와 수천에 달하는 인명 피해를 경감할 수 있다고 한다. 1970년 가을, 방글라데시에서 열대성 저기압으로 발생한 인명 피해가 10~30만 명으로 추정되는 것을 떠올려볼 때 이러한 계산은 충분히 근거가 있다. 구름씨 뿌리기에 의한 강수량의 증가는 경제적으로 많은 영향을 미칠 것으로 기대된다. 사람들은 보통 농업만을 생각하지만 물의 증가는 수력발전, 목재와 펄프 생산 그리고 다양한 산업에 적용됨에 따라 더 많은 경제적 가치가 있다.

인공강우(설)는 환경친화적인 기술이고 가뭄 지역에 효과적으로 비를 내릴 수 있다는 장점을 가지고 있는 반면, 비구름이 없는 곳에서는 그럴 수 없다는 단점이 있다. 이렇듯 인공강우(설)의 경제적 효과 분석은 복잡한 상황들을 포함하기 때문에 매우 어렵다. 그러나 단순화한 상황에서 인공강우(설)의 경제적 편익을 계산해본다면 그 효과를 이해하는 데 쉽게 도움이 될 것이다. 다음은 미국, 오스트레일리아 등의 실용화 예에서 분석한 자료를 근거로 인공강우(설)의 경제적 효과를 단순 분석한 자료다. 이 자료를 바탕으로 한반도의 실험 상황을 가정하여 예상되는 경제적 편익을 분석해보자.

미국의 실제 사례

미국에서는 장기적으로 물 부족 현상이 심각한 중서부 지방의 10여 개 주에서 매년 인공강우(설)에 의한 수자원 확보를 하고 있다. 아래의 경제성 분석은 캘리포니아 주와 네바다 주의 경계에 있는 타호

(Tahoe) 호수에서 사막연구소에 의해 매년 실시되고 있는 겨울철 인공강설에 대한 자료를 근거로 하여 정리한 것이다.

1 인공강우(설) 실시 지역 및 인공강우(설)에 의한 증가 강수량

 - 실시 지역의 면적: 1만 1,940제곱킬로미터

 - 실시 기간: 매년 11월부터 다음 해 2월까지

 - 인공강우(설)에 의해 증가된 시간당 평균 강수량: 0.25밀리미터

2 인공강우(설)에 의한 총 증가 강수량과 투자 비용

 - 증가된 총 강수량: 450만 6,490톤

 - 인공강우(설) 총 소요 경비: 59만 4,349달러

3 인공강우(설)에 의해 생산된 수자원의 단가

 - 인공강우(설) 소요 총 비용/인공강우(설)로 인한 총 증가 강수량

   =톤당 0.13달러

인공강우(설)에 의해 물 1톤을 얻을 때 소요되는 비용은 약 13센트 정도로 매우 싼 가격임을 알 수 있다. 이 비용은 소비자가 지불하는 수돗물 값보다도 훨씬 싼 가격으로 충분히 경제성이 확보될 수 있음을 보여준다.

오스트레일리아의 실제 사례

오스트레일리아에서는 장기적으로 물 부족 현상이 심각한 남부 지역의 태즈메이니아 지역에서 매년 인공강우(설)에 의한 수자원 확보를

하고 있다. 다음은 태즈메이니아의 수력발전소에서 수력발전용 용수를 확보하기 위해 실시하고 있는 인공강우(설)에 대한 태즈메이니아수력발전위원회(HECT, Hydro Electronic Commission in Tasmania)의 경제성 분석을 정리한 것이다(1995년).

1 | 인공강우(설) 실시 지역 및 인공강우(설)에 의한 증가 강수량

- 실시 지역의 면적: 3,250제곱킬로미터

- 실시 기간: 인공강우(설)에 적합한 8개월 기간 중 30일

- 인공강우(설)에 의해 증가된 일일 평균 강수량: 2.5밀리미터

2 | 강수 지역의 강수 집수 특성

- 손실률(지중 침투, 증발량 등 포함): 20퍼센트

3 | 인공강우(설)에 의한 총 증가 강수량: 2,440만 톤

4 | 인공강우(설) 실시 비용(비행기 한 대 사용)

- 8개월간의 총 비용(항공기 운영, 재료비, 인건비 포함): 64만 5,000 달러

5 | 인공강우(설)에 의해 생산된 수자원의 단가

- 인공강우(설) 소요 총 비용/인공강우(설)로 인한 총 강수 증가 량=톤당 0.03달러

미국에 비해서 훨씬 싼 가격에 강수 확보가 가능함을 보여준다. 지역적 특수성과 실험방법 등 다양한 조건에 따라서 보다 큰 이익을 얻을 수 있음을 보여주는 결과다.

우리나라의 사례 예비 분석

우리나라에서도 기상재해가 지속되고 있으며, 특히 지역적인 극심한 가뭄은 국민 생활과 산업에 위협을 가하고 있다. 그러나 우리나라는 중위도 편서풍대에 위치하고 있어 주 1회 정도 저기압이 통과하여 인공강우(설)에 적합한 기상 상태를 갖추고 있기 때문에 인공강우(설)에 의한 수량 확보 시 높은 경제적 이익을 볼 수 있으리라 생각한다. 우리나라의 안동댐 집수 유역에 인공강우(설)를 실시할 경우 예상되는 경제적 이익을 분석해보았는데, 실제는 이와 다소 차이가 날 수 있다.

1 인공강우(설) 실시 지역 및 인공강우(설)에 의한 증가 강수량(예)

- 인공강우(설) 적합 실시 지역(예): 안동댐 지역

- 집수 유역 면적: 6,648제곱킬로미터

- 전체 20회의 인공강우(설) 실시에 의해 증가된 총 강수량: 20밀리리터 (1회 실험 시 평균 1밀리리터 강수량 증가)

2 댐에 저장되는 총 수량

- 지중 침투나 증발로 인한 손실: 20퍼센트(가정)

- 총 유입량: 1억 600만 톤

3 인공강우(설) 실시 비용(비행기 한 대 사용)

- 1회 항공 실험 시 소요 평균 비용(운영 및 재료비 포함): 1,000만 원

- 총 실험 경비: 2억 원

4 물 1톤당 소요 경비

- 2억 원/1억 600만 톤＝톤당 1.25원

이를 현재 식수 가격 및 공업용수 가격(톤당 평균 300원)과 비교해보면 높은 경제적 이익이 있음을 알 수 있다. 특히 우리나라는 식수와 더불어 농·공업 용수가 절대적으로 부족해지고 있는 상황이므로, 향후 원수 및 공업용수 단가가 상승하면 이익이 더욱 높아질 것으로 사료된다.

조금 더 실제와 가까운 분석이 가능한 예가 있다. 2006년 1~2월에 있은 13회의 실험(500만 원 소요) 중 강원도 면온 지역 부근에 1센티미터의 강설 효과를 본 사례다. 최근 6년간의 데이터를 조사했을 때, 동풍이 불 때 영동지방에 눈이 없으면 산악을 넘어서는 영서지방의 강설도 없었다. 이는 영서지방에서 하강 기류가 발생하기 때문이다. 이러한 조건에서 실험을 통해 발생한 강설은 통계적으로 증설 실험 결과라고 판단할 수 있다.

이 한 차례의 인공강설 실험에 대한 경제성 평가는 다음과 같다. 단순 산술 계산이지만 아홉 번 중 한 차례 실험 성공 사례에 대한 경제적 이익은 수자원공사의 순이익이 톤당 93.6(수자원공사 보고서, 2004)임을 고려할 때 약 3,300만 원의 경제적 이익을 본 것처럼 계산되었다. 다음은 그 계산이다.

1 | 인공강우(설) 실시 지역 및 인공강우(설)에 의한 증가 강수량
 - 강설 면적: 평균 반경 20킬로미터, 등간격으로 강설 분포(계산 편의상 가정)
 - 실시 기간: 인공강우(설)에 적합한 2개월 기간 중 9개 사례

- 인공강우(설)에 의해 증가된 강설 지점 강설량: 1센티미터(강수
  량: 1밀리미터)

2| 강수 지역의 강수 집수 특성

- 손실률(지중 침투, 증발량 등 포함): 20퍼센트

3| 인공강우(설)에 의해 발생한 총 증가 강수량: 40만 7,779세제곱
미터

4| 수자원의 단가(수자원공사 보고서, 2004) ＝ 세제곱미터당 93.6원

- 실험에 의해 얻게 되는 총 이득 ＝ 407,779×93.6 ＝ 3,816만 8,088원

5| 인공강우(설) 실시 비용

- 2개월간 실시한 총 비용: 500만 원

6| 인공강우(설)로 얻게 된 총 이득

- 3,816만 8,088원-500만 원 ＝ 3,300만 원

기상조절의 경제적 이익을
따지기 전에 생각해야 할 것들

지금까지 외국의 인공강우 실험 결과에 의하면, 인공강우(설) 기술은 들인 비용에 비해 5~10배에 달하는 효과를 얻을 수 있어 경제적으로 충분한 투자 가치가 있다고 볼 수 있다. 또한 인공강우(설) 기술은 일단 보유하게 되면 초기 비용도 덜 드는 이점이 있다. 늘 가동시켜야 하는 시설을 설치하는 것이 아니라, 가뭄이 일어나거나 수자원 확보 필요성이 생길 때 등 필요한 때에만 가동시킬 수 있기 때문이다. 앞으로 잦은 기후변화나 기상이변이 예상되는데, 이 때문에 가뭄 대책 및 대체 수자원 확보 방법으로 인공강우가 적극적으로 고려될 필요가 있다. 그러나 직접적인 경제적 이득을 계산할 때 고려해야 할 점이 몇 가지 더 있다.

먼저 우리나라의 경우 향후 인공강우(설) 기술을 실용화하는 데 선행되어야 할 것들을 생각해보자. 일단 다음과 같은 것들이 요구된다. 첫째, 장기간에 걸친 종합적인 연구 개발 계획에 의거한 인공강우(설) 프로그램 수행이 필요하다. 둘째, 낙후된 인공강우(설) 분야의 연구 및 기술 인력 확보와 양성이 시급하다. 셋째, 우수한 인력과 함께 각종 측정 장비, 구름 내 살포 및 측정을 위한 항공기, 기상레이더 및 컴퓨터 수치 모델 등에 대한 투자가 동시에 이뤄져야 한다. 넷째, 외국과의 기술 협력 증진을 통한 신속한 기술 습득을 토대로 자체 기술 개발 추진이 필요하다. 단순히 개별 실험에 들어가는 비용과 이득을 계산하는 것은 현재의 우리 입장에서는 별로 중요한 문제가 아닐지도 모른다. 좀 더 장기적인 계획 속에서 손익 분석을 분명히 하여 투자 규모와 단계적인 실용화 계획을 수립해야 할 것이다.

물론 인공강우 등의 기상조절은 일반적으로 수자원 고갈 같은 위기에 설득력 있는 대안으로 여겨진다. 하지만 국토 면적이 좁은 우리나라에서는 비용 대비 효과에 의문을 제기하는 목소리가 높다. 아무리 우리나라가 실험에 성공해도 인공강우(설)가 부분적으로 실용화된 미국이나 오스트레일리아보다는 궁극적으로 비용이 비쌀 수밖에 없다는 우려도 제기된다. 한반도가 중위도 편서풍대에 있어 저기압이 통과할 때 구름이 많아진다 할지라도 가뭄이 오면 구름은 이내 사라진다. 만일 구름을 자유롭게 만들 수 있다면 인공강우로 전국의 저수지를 채우는 것도 어려운 일은 아니다. 하지만 아직까지 어느 누구도 구름을 인공으로 만드는 방법을 찾지 못하고 있다.

인공강우(설) 실용화에 또 다른 의문을 제기하는 목소리들도 있다. 어떤 사람들은 한쪽 지역에 인공적으로 비를 내리게 하면 다른 쪽 지역이 피해를 입는다고 우려하기도 한다. 구름에서 빗방울을 짜내는 것이 다른 지역에 역효과를 낼 것으로 보는 것이다. 이런 주장들 역시 아직 명백한 실험적 증거를 가지고 있는 것은 아니지만, 우리가 경제적 이익을 계산할 때에는 좀 더 조심스러워야 한다는 의미에서 고려할 만한 주장이다.

기상조절을 단순히 일정 지역에 비를 내리거나 일정 시간 안개를 없애서 즉각적인 이익을 확보하는 수준에서의 기술로 폭을 좁혀버린다면, 기상조절의 가능성을 지나치게 좁히는 태도일 수 있다. 오히려 당장의 경제적 이익에 대한 집착보다는 궁극적으로 자연재해와 기후변화에 인간이 능동적으로 대처하고, 환경친화적인 지구 환경을 구축하고, 자연환경과 안전하게 공존하려는 기초 연구라고 보아야만 그 의미가 퇴색하지 않을 수 있다. 경제적 이익을 넘어서서 인류의 삶의 질을 생각하는 기상조절을 꿈 꿀 필요가 있다.

4

새로운 기상조절 기술 알아보기

WEATHER MODIFICATION

1. 모스크바 붉은 광장에 비가 오지 않는 이유

2. 바다에서 비를 만드는 기술이 의미하는 것

3. 기상변화에 대처하는 새로운 기술들

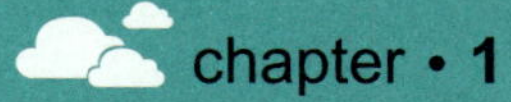

모스크바 붉은 광장에 비가 오지 않는 이유

2000년대 들어서면서 기상조절 분야는 인공강우나 안개 소산과 같은 전통적인 분야를 벗어나는 새로운 요구에 맞닥뜨리게 되었다. 그만큼 복잡다단해진 사회가 요구하는 것이 많아졌다고 볼 수 있겠다. 게다가 IT 기술의 발전 등이 가져온 기상관측에 대한 수준 높은 자료 축적 등이 새로운 기술을 시도하는 데에 도움이 되고 있는 것도 사실이다.

비구름 소산 기술은 그 의미상 인공강우(설) 기술과는 반대된다. 한마디로 비구름이 비가 되는 것을 방해하는 것이다. 중국은 2008년 올림픽 개막식의 날씨를 위해 두 가지 방법으로 비구름 소산 기술을 실

시했다. 첫 번째는 베이징에 다가오는 비를 미리 내리게 해서 올림픽 개막식 당일에는 베이징에 비가 오지 않도록 만든 방법이고, 두 번째는 베이징 시 근처에서 갑자기 발달하는 비를 없애는 '과다 구름씨 뿌리기(인공 강우량의 5배 이상의 요오드화은 뿌리기)' 기술이다.

과다 구름씨 뿌리기란 인공강우에 사용되는 구름씨를 대량으로 뿌려 자잘한 물방울만 만들어 비로 떨어지지 못하게 하고 그대로 지나가게 만드는 기술이다. 한정된 밭에 적절한 씨를 뿌리면 튼실한 과실이 잘 열리겠지만, 과도한 양의 씨를 뿌리면 한정된 양분 때문에 작고 부실한 열매밖에는 맺지 않는다. 비구름 소산 기술도 마찬가지로, 비구름 속의 한정된 수증기에 과도한 응결핵을 뿌려서 결국 비가 될 만큼 큰 물방울을 만드는 대신 과도하게 작은 물방울들을 발생시켜 비가 되는 것을 억제한다.

원래 과다 씨 뿌리기 기술을 통한 비구름 소산 기술은 중국보다 러시아가 더욱 유명하다. 러시아는 전승기념일에 모스크바의 붉은 광장에서 기념행사를 치르는데 지난 30년간 비를 구경한 일이 없다. 비구름 소산 작업으로 가능했던 일이다.

가장 최근 보고된 러시아의 비구름 소산 작업은 2007년 5월 9일 러시아 공군이 모스크바 붉은 광장 상공에서 실시한 제2차 세계대전 전승기념 시가행진 때다. 러시아 정부는 멋진 군대의 길고 긴 사열 행진 때 비가 내려서 행사를 망치는 것을 용납하지 않았다. 행사장에 햇빛이 비치게 하기 위하여 오전 6시 30분부터 목적 장소인 모스크바의 붉은 광장 상공, 상층 대기의 이동 상태를 파악하여 강수 촉매제인 요오드화은, 빙정, 액화질소 등의 살포 시점과 살포량 등에 관한 계획을 수립, 오전 8시 30분부터 항공기 12대를 사용하여 50~100킬로미터 상공에서 바람이 불어오는 방향을 고려하여 구름씨를 비롯한 강수 촉매제를 과도하게 살포하는 작업을 수행했다. 그 결과 10시 30분부터 구름이 옅어지기 시작하였고 12시 15분에는 완전히 개어 푸른 하늘이 보이기 시작했다. 러시아 공군 대변인의 발표에 따르면, 이러한 높은 성공률의 비구름 소산 기술은 러시아 공군만이 독보적으로 보유하고 있다고 한다.

비구름 소산 기술은 농경시대에는 상상도 할 수 없는 일이었을 것이다. 홍수나 집중호우를 막는 수준을 넘어서서 행사나 산업적 이득을 위해 흐린 날씨나 비가 올 날씨를 조절한다는 개념 자체가 생소한 일이다. 그러나 현대사회에서는 비구름 소산 기술을 원할 만큼 기상에 대한 다양한 요구가 점점 증가하고 있다.

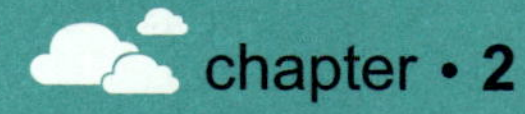

바다에서 비를 만드는 기술이 의미하는 것

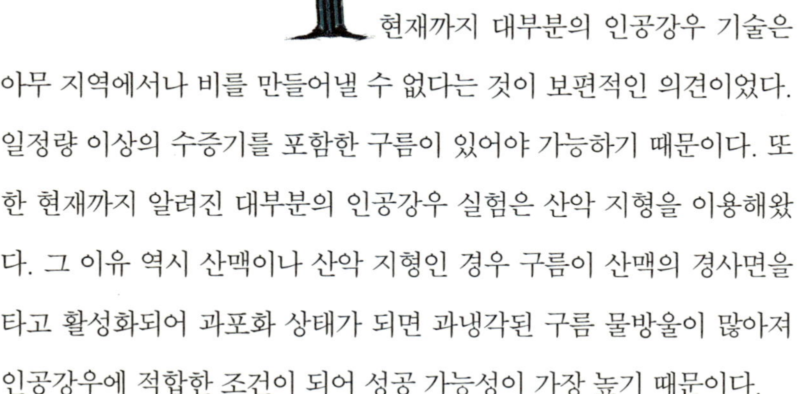

현재까지 대부분의 인공강우 기술은 아무 지역에서나 비를 만들어낼 수 없다는 것이 보편적인 의견이었다. 일정량 이상의 수증기를 포함한 구름이 있어야 가능하기 때문이다. 또한 현재까지 알려진 대부분의 인공강우 실험은 산악 지형을 이용해왔다. 그 이유 역시 산맥이나 산악 지형인 경우 구름이 산맥의 경사면을 타고 활성화되어 과포화 상태가 되면 과냉각된 구름 물방울이 많아져 인공강우에 적합한 조건이 되어 성공 가능성이 가장 높기 때문이다.

그렇다면 평지나 해양에서는 어떨까? 평지나 해양에서는 산맥이나 산악 지형과는 달리 수증기의 과포화 상태나 과냉각된 구름 물방울이 부족해 강수로 발달할 수 있는 조건이 상대적으로 부족하다. 당연히 실패할 가능성이 높다.

2006년 중국은 가뭄으로 인한 큰 피해를 입었다. 허베이·산둥·광시 등지에서는 지역주민 1,000만 명가량이 식수난을 겪었다. 산둥 지방의 경우 주민 173만 명과 가축 72만 마리가 물 부족에 시달렸으며, 농경지의 수확량도 크게 줄어들었다. 광시 지방에서는 주민 870만 명이 가뭄 피해를 봤다. 사회혼란까지 예측되는 심각한 상황이었으므로 인공강우가 시도되었지만 성공하지는 못했다. 중국 전역에 산재한 인공강우 전용 항공기 30여 대가 총 동원되었으나 결국 실패했다. 바로 지형 때문이었다. 거의 평지인 중부 지역의 구름 상태가 인공강우 조건을 만족시키지 못했던 것이다. 더구나 시기적으로 이미 가뭄 상태여서 실험에 적절한 구름 상태로 성숙되기 어려운 상태도 한몫한 것으로 추정된다.

이런 전례로 볼 때, 우리나라 남부 지방의 가뭄 역시 인공강우가 적용되기 힘들어 보인다. 기상 자료의 부족이나 실험 전용 중대형 항공기 등의 기본 구조 시스템 부족으로 적절한 실험적 결과는 없지만, 특히 편서풍이 부는 우리나라 전라도 지역은 인공강우가 매우 어려울 것으로 판단된다.

이런 상황에서 미 국립대기연구센터는 수분미립자가 충분한 해양에서는 맑은 날이라도 실험이 가능할 수 있다는 실험 결과를 내보여서 주목을 받았다(NCAR, Discovery, 2008). 구름씨인 염화칼슘을 대량으로 터뜨리면 인공적인 구름씨가 대기 중에 존재하는 수분미립자를 응결시켜 맑은 하늘 상태에서도 구름을 생성시킨다는 것이다. 미 국립대

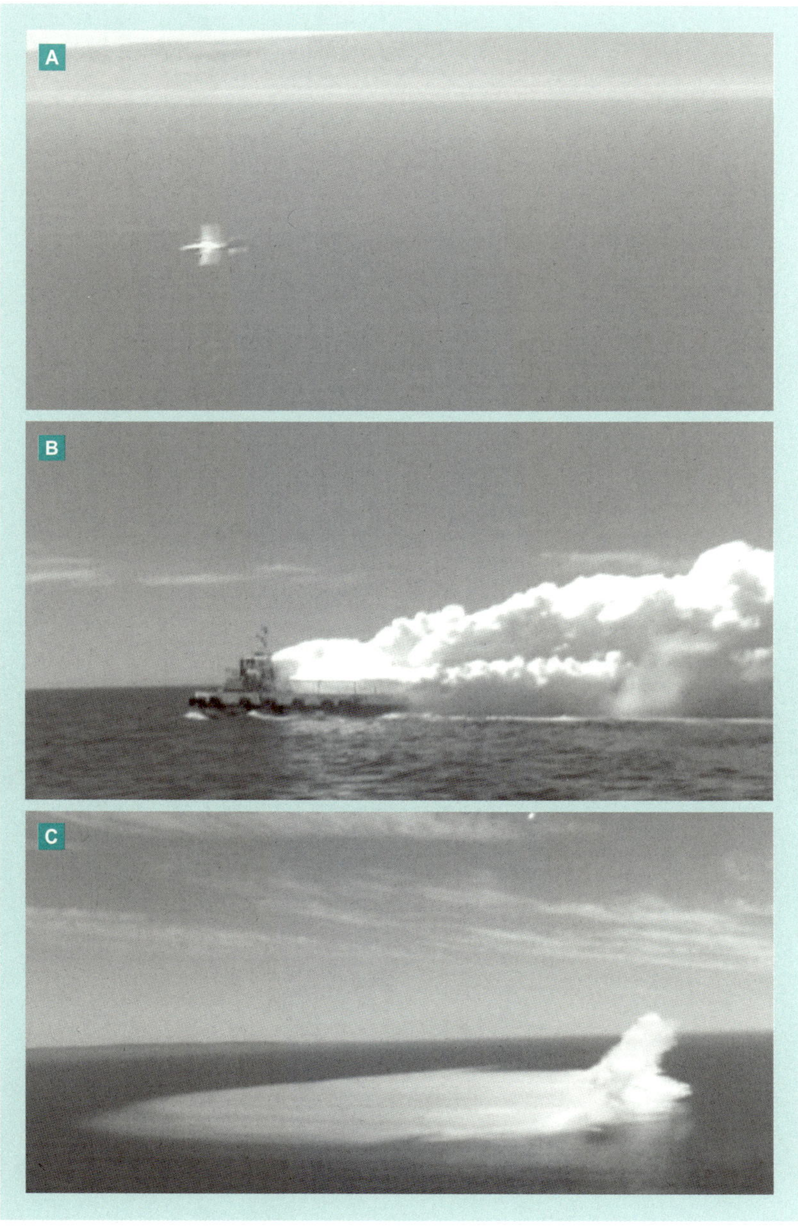

| 그림 34. 미 국립대기연구센터에서 실시한 해양 인공강우 실험: A는 해양 인공강우 전 맑은 하늘 상태, B는 구름씨 뿌리는 모습, C는 구름씨를 뿌린 후에 구름이 형성되는 모습(출처: 디스커버리 영상 캡처) |

| 그림 35. 바다의 수증기를 이용한 대규모 구름 생성 개념도 |

기연구센터의 실험은 해양에서도 인공강우에 필요한 조건을 인위적으로 만들어 비를 내릴 수 있는 방법을 처음 제시했다고 볼 수 있다.

149쪽의 그림 34는 미 국립대기연구센터에서 실시한 해양 인공강우 실험에서 구름씨를 뿌리기 전에 맑은 하늘 상태와 흡습성 물질인 염화칼슘을 뿌리는 모습, 그리고 뿌리기 작업 후에 구름층이 형성되는 모습을 보여주고 있다.

이번 해양 인공강우 실험에서 주목해야 할 부분은 맑은 날이라도 구름이 발생하여 상승하는 모습이 보였다는 점이다. 이는 흡습성 물질을 뿌렸을 때 구름이 생성될 정도의 충분한 수분이 응결하고, 이 과정에서 잠열(潛熱, 숨은열, 어떤 물체가 온도의 변화 없이 상태가 변할 때 방출되거나 흡수되는 열)이 발생하여 이로 인해 상승 기류와 함께 구름이 생성되는, 새로운 구름 형성 과정을 증명한 것이다.

해양에서의 인공강우 실험은 현재까지 실험이 많이 이루어지지 않은 미지의 영역이다. 그러므로 보다 많은 실험을 통한 검증이 필요하다. 다만 이런 실험적 결과는 평지나 해양에서도 인공강우가 적용될 수 있음을 보여주고 있다. 예를 들어 우리나라의 서해나 지형 효과를 이용하기 어려운 전라도 지역에서 편서풍을 이용한 인공강우가 전혀 불가능한 것은 아니라는 긍정적인 근거가 되기도 한다.

150쪽의 그림 35는 바다에서 선박을 이용하여 해양의 풍부한 수증기를 대기로 끌어올려 구름을 형성시키는 개념도다. 수증기로 생성된 구름에 인공적인 빙정핵이나 응결핵을 뿌려 비를 내리게 하는 방법을 알 수 있다.

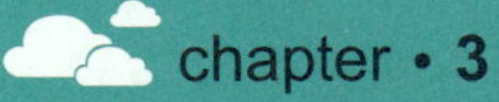

기상변화에 대처하는 새로운 기술들

기상조절 기술과는 약간의 거리를 두고 있지만, 좀 더 근본적인 분야라 할 수 있는 부분이 있다. 바로 기후와 기상 변화에 대한 대응기술이다. 이 분야 역시 기상조절과 완전히 무관하지 않을 뿐 아니라 최근 들어 괄목할 만한 성과를 보이고 있다. 기상 문제와 자연재해 예방 분야에서 가장 앞서 나가고 있는 미국이 이 분야에 있어서도 가장 두드러진 진전을 보이고 있다.

미 국립연구위원회(NRC, National Research Council)가 발표한 새로운 보고서에 따르면, 정확도가 높은 토지 표면 고도(land surface elevation) 자료를 포함한 미 연방비상관리국(FEMA, Federal

Emergency Management Agency)의 홍수 지도(flood map)가 개발되었다고 한다. 이는 매년 반복되는 미국 내 홍수 피해 예방에 큰 효과가 있을 것으로 예상된다. 홍수 지도는 홍수보험요율(flood insurance rate)을 설정하고, 범람원 개발 규제 및 범람 위험 가능성이 있는 지역에 거주하는 사람들에게 정보를 제공하기 위하여 미연방비상관리국에 의해 처음 사용되었다. 이후 지속적인 토양 개발과 자연적인 풍경 변화에 따른 관리 및 수정이 필요하게 되자, 2003~2008년까지 미 연방비상관리국은 지도의 현대화 프로그램(Map Modernization Program)을 통해 오래된 지도만을 보유하고 있거나 관련 지도를 전혀 구축하지 못하고 있던 지역을 포함해 디지털 홍수 지도를 구축했다. 이것은 미국 인구의 92퍼센트가 활용 가능한 것으로 평가되고 있다. 미 연방비상관리국의 디지털 홍수 지도 제작은 웹을 기반으로 국민의 접근 가능성을 높인 제품이다. 이러한 제품을 통해 홍수 위험에 보다 우수하고 정확한 정보를 제공할 수 있게 되었다는 점에서 높이 평가할 만하다. 다소 전통적으로 보이는 이러한 예방 노력과 기술정보의 업그레이드, 커뮤니케이션은 여전히 그 중요성을 인정받고 있으며, 유지·발전의 여지가 있는 것으로 판단되고 있다.

또 하나 마치 공상과학영화 같은 프로젝트지만, 지구의 온난화 문제를 해결하기 위해 진지하게 준비되고 있는 프로젝트가 있다. '선쉐이드(Sunshade) 프로젝트'라고 불리는 이 계획은 우주 공간에 거대한 반사경을 설치하고, 황산염(sulfate) 또는 다른 반사 입자(reflective particle)를 성층권에 에어로솔 형태로 살포하거나 대류권에 구름 응결핵(cloud condensation nuclei)을 주입하여 구름의 반사성(reflectivity)을 강화하는 등의 프로젝트다. 이산화탄소의 증가로 심각한 지구온난화 위험을 겪고 있는 가운데 선쉐이드 프로젝트를 통한 2퍼센트의 일광 감소는 표면 온난화를 저지하는 데 상당한 효과가 있는 것으로 평가받고 있다. 그러나 선쉐이드 프로젝트의 일부인 화학물질 투입은 지속적으로 작업해야 한다는 문제가 있으며, 중지할 경우 발생할 위험에 대해서 아직까지 연구가 미비한 상태라는 점이 문제로 대두되기도 했다.

이러한 새롭고도 거대한 프로젝트들이 시사하는 바는, 일반 대중은 인지하지 못하고 있지만 기후변화에 전 지구적으로 대응하고자 하는 과학기술의 발전은 매우 진지하게 진행되고 있다는 점이다. 이는 기후변화에 대응하는 새로운 제어 기술이 점점 더 절실해지고 있으며 다양한 방식으로 발전해가고 있다는 방증이기도 하다.

이러한 최근의 추세를 반영하는 재미있는 예가 또 하나 있다. 지구 전체의 위성사진과 지도를 온라인으로 제공하고 있는 '구글 어스(Google Earth)'에 추가된 기능이다.

2008년 5월부터 구글 어스는 세계 기후변화 추이 예상 오버레이(overlay) 서비스를 제공하고 있다. 온난화 방지 캠페인 차원에서 영국 정부와 연구기관으로부터 제공받은 자료를 바탕으로 전 세계의 상황을 시각적으로 살펴볼 수 있도록 구성되어 있다. 2099년까지 측정 눈금을 두어 이 서비스를 이용한다면 중장기적으로 예측되는 온난화 추이를 확인할 수 있다. 게다가 매우 세분화된 지역 정보와 각종 기후 정보를 같이 제공함으로써 전 세계 어디서나 누구나 간단히 구글 어스에

접촉하는 것만으로도 향후 온난화를 비롯한 각종 기후변화에 관한 데이터와 예측 수치를 얻을 수 있다는 점이 특징이다.

한때 그 아이디어와 공공성 때문에 크게 화제가 되었던 세티(SETI, Search for extraterrestrial intelligence) 프로젝트'라는 것이 있었다. 전 세계의 개인용 컴퓨터를 연결하여 슈퍼컴퓨터로도 하기 힘든 지구 밖 외계의 지적 생명체가 보내오는 신호를 포착하려는 글로벌 프로젝트였다. 그 성과의 문제는 차치하더라도, 온라인과 개인용 컴퓨터를 통한 집단 지성의 형식을 빌리고자 했던 아이디어가 신선하다는 평가를 받았다. 구글 어스의 오버레이 서비스도 좀 더 대중화된다면 단순한 예측 서비스 제공을 넘어서서 사용자들의 참여를 통해 새로운 지평을 열 수 있을 것이다. 기후변화에 대한 대응을 좀 더 광범위한 참여와 관심 아래 확대할 수 있는 계기가 될 것으로 생각된다.

5

기상조절,
문제점은 없을까?

WEATHER MODIFICATION

1. 많은 돈과 시간이 필요한 기상조절 기술

2. 환경 파괴일까, 개선일까?

3. 사회적 합의로 만들어야 할 기상조절법

4. 기상조절 기술의 필수 조건은 정책 지원

많은 돈과 시간이 필요한 기상조절 기술

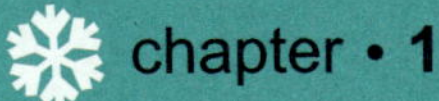

앞서 우리는 국내외적으로 이뤄지고 있는 기상조절 기술의 세부적인 내용들과 더불어 기후와 기상 변화에 대응하고자 하는 노력들을 살펴보았다. 주로 기상조절 기술의 긍정적인 성과들을 중심으로 논의하였는데, 그렇다면 이러한 기상조절 기술에 대한 기술적 검증의 문제나 환경적 문제, 그리고 거기에 부과되는 사회적 문제는 없는 것일까?

과학기술의 방법론은 한 번의 실험으로 실현되었다고 해서 그 기술과 성과가 완전히 획득되어지는 것이 아니다. 모든 과학기술 실험이 그렇겠지만, 기상조절 실험의 실행 효과는 실제적으로 검증되어야 하며, 차후 같은 실험이 행해졌을 때 반복적으로 같은 현상이 나타나야 한다. 또한 기상조절 기술의 특성상 요오드화은 등 기타 화학물질을 살포했을 때 생기는 문제나 현실화하는 과정에서 생기는 주변 지역들의 손익에 대해서도 넓고 전체적인 관점에서 고려해야 할 필요가 있다. 모든 과학기술이 그러하듯 기술 내부만 바라본다면 주변 맥락에서 파생되는 다양하고도 심각한 문제들을 놓칠 수 있다. 좀 더 넓은 시야를 가지고 전체적인 관점을 획득할 필요가 있는 것이다. 이러한 의미에서 기상조절의 문제점은 없는지 짚어보도록 한다.

먼저 기상조절의 기술적 문제부터 살펴보자. 기상조절 기술의 효과에 대한 검증방법은 통계적 방법과 물리적 방법으로 나눌 수 있다. 물리적 방법은 미세구름물리 관측을 통하여 인공강우(설) 실험에 대한 효과를 관측하는 것이다. 일반적으로 빙정핵 및 구름 응결핵 계수기, 운적과 빙정을 포집하기 위한 장비, 구름강수를 추적하기 위한 레이더, 강수 시료를 채수하기 위한 특별한 장비 등이 있다.

현재의 발달된 과학은 예전보다 더 작은 미세구름물리 요소들을 관측할 수 있게 하며, 실시간으로 관측자에게 관측 상황을 제공해준다. 그러나 이러한 물리적 방법들은 실험 효과에 대한 일차적인 검증이 가능하다는 점만을 확인시켜줄 뿐이다. 비슷한 환경에서 똑같은 실험 기술로 시행했을 때에도 같은 결과가 나타나야만 한다. 그렇기 때문에 물리적 방법도 중요하지만 통계적 방법도 중요하게 다뤄야 한다. 물리적 검증 방법이 실험을 전후하여 당장 숫자로 표시해 확인할 수 있는 방법이라면, 통계적 방법은 장기간의 변화를 관찰하고 평가하는 검증 방법이라고 할 수 있다. 통계적 검증은 실용화 이전에 거쳐야 할 단계로 판단된다.

통계적 방법으로는 회귀분석, 변환에 의한 자료의 정규화, 모수 검정 및 비모수 검정의 비교, 순열 및 몬테카를로 검정, 분할 또는 계층화 등이 있다. 통계적 방법은 실험 효과가 반복되어 나타난다는 것을 의미하나, 통계적으로 사용할 수 있을 만큼의 실험 자료를 확보한다는 것은 그만큼 시간과 비용이 많이 든다는 단점이 있다. 우리나라의 경우 이러한 어려운 점 때문에 통계적 검증 방법이 활발하게 시도되지 않고 있는 상황이다. 시간과 비용 투자가 없다면 기상조절 기술은 계속 미개척 상태로 남게 될 것이며, 중국 등 주변 국가의 실험 소식만 들으며 부러워해야 할 것이다.

기술의 특성상 지역별로 다른 조건과 환경에서 장기간 반복 실험을 해야 한다는 점과 복잡한 물리·통계적 검증으로 재현성 확보를 해야 한다는 점에서 기상조절 기술은 매우 많은 시간과 돈이 필요한 기술이다. 우리나라의 경우 부족한 중대형 실험 전용 항공기, 지상 검증 시스템 같은 기본 구조 시스템이 열악한 상황이라 이에 대한 과감한 투자가 필요하다. 더구나 기상조절 선진국들처럼 최소 5년 단위의 반복 실험에 의한 계획적인 통계적 검증만이 기술의 안정성과 범용성을 증명할 수 있으므로 이 역시 지속적인 투자를 필요로 하고 있다. 근본적으로 투자의 문제는 완성된 기술의 경제적 수익성과 직접적으로 연결된다. 현재 대체로 이러한 경제적 효과 측면에서는 누적된 결과들이 매우 긍정적인 수치를 보여주고 있는데 다행스런 일이다.

환경 파괴일까, 개선일까?

기상조절이 근본적으로 인위적이라는 점에서 가장 먼저 염려되는 것은 바로 환경 문제다. 실제 중국에서 인공강우(설)가 매년 거대한 규모로 지속되는 과정에서 요오드화은에 의한 환경오염 문제가 대두된 적이 있다. 그러나 실제 인공강우(설)에 사용되는 요오드화은은 아주 작은 양이어서 아직까지 이로 인한 환경문제는 거의 없는 것으로 알려졌다. 베이징 올림픽 개막식을 위한 대규모 인공강우 실험에 사용된 요오드화은 살포 농도는 보통 공기 중에 존재하는 요오드화은의 배경 농도를 단지 0.05퍼센트 증가시키는 정도로 자연 농도의 오차 범위를 넘지 않은 것으로 추산된다.

우리나라의 경우 2001년도에 실시한 국립기상연구소의 인공강우 실험에서 발생한 강수의 요오드화은 농도를 검사한 결과 자연 농도 범위를 넘지 않는 것으로 확인되었다. 또한 미국 연구보고서 (Environmental Impact Statement/Environmental Impact Report, 미국 네바다 주의 인공강우(설)가 환경에 끼치는 영향에 대한 연구, 1990~1995년)는 인공강우(설)가 "환경에 나쁜 영향을 거의 끼치지 않는다"라고 보고하고 있다. 실험에서 가장 많이 이용되는 요오드화은이나 드라이아이스 구름씨에 의한 대기오염이나 환경 파괴는 거의 없는 것으로 보아도 괜찮다.

구름씨 물질에 의한 환경오염에 대한 우려는 요오드화은에 집중된다. 요오드화은 이외에 가장 많이 사용되는 드라이아이스는 이산화탄소 기체로 매우 빨리 기화하기 때문에 오염에 대한 염려가 거의 없다. 그러나 드라이아이스는 이산화탄소이므로 전 세계적으로 이를 액체질소로 대체하여 실험하고 있다. 요오드화납은 과거 러시아에서 행한 우박 억제 실험에 널리 사용되었지만 러시아를 제외한 다른 국가에서는 환경에 대한 간접 효과가 우려되어 사용하지 않았으며, 러시아에서도 1980년대 이후로는 사용하지 않고 있다. 따라서 환경과 인간에 대한 피해 여부는 안정성에 대한 입증이 많이 필요한 요오드화은에 집중되는 편이다.

미국은 요오드화은이 줄 수 있는 간접 효과에 대해 1년간 대기 중에 요오드화은이 방출되는 총량, 구름씨가 뿌려진 구름으로부터 떨어지는 비나 눈에 포함된 요오드화은 농도, 강과 토양에서의 요오드화은의 수명, 그리고 요오드화은의 독성에 대해 연구를 진행해왔다. 프로젝트스카이워터(Skywater, 미국 국립과학재단 기상조절부서의 강수 관리 기술 개발 프로그램, 1966) 후원으로 이루어진 요오드화은이 환경에 미치는 영향에 대한 연구는 하웰(Howell, 1977) 등이 구름씨 뿌리기의 결과로 발생한 대기, 물, 토양에서의 은(Ag)의 이동 과정에 대해 자세히 다루고 있다. 구름씨가 뿌려진 구름에서 떨어진 비와 눈 속의 요오드화은 농도는 10^{-12} 정도다. 즉 1피피비(ppb) 이하다. 거의 무시할 수 있을 만한 수치다.

물론 요오드화은은 물에서 녹지 않기 때문에 완전히 씻겨 내려가지 않고 토양과 강바닥에 쌓이는 경향이 있다. 그러나 요오드화은의 독성에 관한 초기 연구에 의하면, 자연 상태에 어떠한 악영향을 주는 특징적인 독성이 없다는 것이 정설이다. 이 외에도 요오드화은이 생물에 미치는 효과에 대한 많은 실험 연구가 1970~1980년대에 진행되었다. 요오드화은 포화용액을 채운 수족관이나 요오드화은 혹은 은화합물로 포화된 토양에서 자란 식물을 먹인 메뚜기의 활동성 등을 조사한 실험이다. 그 결과 요오드화은이 생물의 성장을 방해하지 않는다는 결과를 얻었다(Klein, 1977). 이러한 연구 결과에 의하면 가장 우려되는 화학물질에 의한 피해는 거의 없는 것으로 밝혀졌다고 봐도 된다.

다른 한편, 대규모 인공강우의 경우 의도하지 않은 큰 피해를 일으킬 수도 있다. 중국의 경우 연례적으로 인공강우를 시도하고 있음에도 원래 의도한 하루 9밀리미터 정도 비 오는 수준을 넘어서서 특정 지역에 하루 23밀리리터 이상의 폭우가 내리기도 했다. 이 경우 발생할 경제적 피해와 이에 대한 민원 문제 등을 고려할 때, 특정한 목표지역에 대해 잘 조절된 특정 실험기술을 연구 개발해야 한다. 그래서 중국처럼 실험 공지 후 피해 발생에 대한 처리 절차 등을 명시한 '기상조절법' 등의 구체적인 법령이나 규정을 정립하는 것이 필요하다. 특히 넓은 지역에 실시하는 대규모 기상조절이 환경에 미치는 영향 또한 면밀히 연구되어야 할 것이다.

한편 기상조절의 환경적인 영향을 고려하는 데 있어서, 실험에 의한 직간접 효과가 초래한 일시적인 변화와 일반적인 기상변화를 구분하는 것 역시 연구 과정에서 우선 해결해야 할 과제다. 기상조절로 인한 영향이 자연적인 기후변화의 범위 안에 있기 때문에 식물과 동물에 대한 장기적인 영향이 없을 것이란 말은 종종 논란이 된다. 식물과 동물은 기후변화에 유연하게 반응하기 때문에 성공한 기상조절 프로그램은 기상 통계뿐 아니라 지역 생태계까지도 변화시킬 수 있다(Cooper, 1975).

1977년 미국에서는 내무성의 지원하에 로키 산맥에서 수행된 기상조절이 생물에 어떤 영향을 주었는지 확인하는 연구가 있었다. 이 연구를 통해, 실시된 기상조절에 의해서 강설량이 일부 증가되고 이로 인해 봄에 눈 녹는 시기가 지연되었다는 점을 발견할 수 있었다. 10퍼센트 정도의 강설량 증가가 봄에 땅이 드러나는 시기를 1~2주 지연시켰는데, 이것은 이 지역의 식생과 이 식생과 관련된 동물에게까지 영향을 주었다. 순록과 같은 토착종은 고산지대의 초목이 눈으로부터 해방될 때까지 저지대에 머무르는 변화가 나타났다.

이러한 변화가 바람직한 것인지 그렇지 않은지 판단하는 일은 쉽지 않다. 단 일주일 더 저지대 산에 머무는 순록의 생활습관 변화가 연쇄적으로 어떤 영향을 주게 되는지 짐작하기는 어렵다. 실제로 아무런 영향이 없을 수도 있다. 반대로 저지대의 초목이 그 기간 동안 더욱 심각하게 훼손되어 연쇄적인 생태계 파괴가 일어날 수도 있다. 그런데 그것이 오히려 산의 상태를 개선하는 효과를 가져올 수도 있다. 그래서 기상조절과 동반된 동식물의 생태 변화가 좋다거나 나쁘다거나 명확하게 말하는 것은 어렵다. 그리고 대부분의 생물학자가 정적인 생태계가 동적인 것보다 반드시 나은 것은 아니라고 말한다. 또한 자연적인 생태계 역시 인공적인 개입이 없어도 스스로 많은 변화를 일으킨다는 것도 사실이다. 그러므로 이러한 환경적 문제들에 대한 연구는 매우 조심스럽게 장기간 지속할 필요가 있으며, 좀 더 구체적인 근거를 통해 결론을 이끌어내야 한다.

더 나아가보면, 이런 측면에서 부정적인 기후변화에 대응할 수 있는 기술 중 하나가 기상조절이 될 수 있다. 예를 들자면, 지구온난화의 문제로 평균 기온이 지속적으로 올라가는 상황에서 이와 같은 인공강설로 눈 녹는 시기를 늦춘다면 기온 하강 효과를 얻을 수도 있을 것이다. 장기적이고 계획적이며 대규모인 기상조절 실험은 기후 자체를 변화시킬 수도 있다. 기상조절은 지독한 가뭄으로 사막화되어 가는 일부 지역처럼 기후변화로 인한 심각한 문제들을 직접적으로 줄일 수 있는 기술로 고려될 수 있다. 기상조절이 환경에 악영향을 미칠 수 있음을 충분히 인지하고 대처해야 하지만, 반대로 이를 통해 환경적으로 문제가 되는 부분을 인위적으로 개선할 가능성 역시 적극적으로 고려할 필요가 있다.

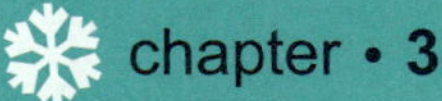

chapter · 3

사회적 합의로 만들어야 할 기상조절법

앞서 살펴보았듯이 기상조절 기술은 근본적으로 군사적 목적에 의하여 제2차 세계대전 때부터 시작되었다고 볼 수 있다. 그러나 전쟁이 끝나고 이 기술은 경제적·사회적 이득을 보장하기 위한 일상적인 연구로 전환되었다. 예를 들어, 공항에서의 안개 소산 기술은 전투기의 안정적인 상시 출동뿐 아니라 비행 스케줄이 바뀔 때 항공사와 관련된 모든 사람이 떠안을 경제적 손실과 여행자의 불편을 없애기 위해 수행하게 되었고, 도로에서의 안개 소산 기술은 안개로 인한 차량추돌과 같은 사고로 인해 발생할 인적·경제적 손실을 줄이기 위해서 시행되었다.

　　안개 소산 기술과 같이 국지적인 효과를 가지고 있는 기상조절 기술은 가시적이고 직접적인 순이익을 발생시키기 때문에 그다지 논쟁이 되지 않을 것이다. 그러나 인공강우(설)나 구름 소산과 같은 넓은 지역의 기상에 영향을 주도록 구상된 기상조절 기술은 복잡한 문제를 야기한다. 이 기술을 수행하면 다양한 그룹의 상반되는 손익이 발생하기 때문에 이것을 조절하기 위해서는 사회·정치적으로 타협이 필요한 경우가 많다.

　　기상조절 기술을 수행하여 얻어지는 경제적 이익은 일반적으로 크

다고 할 수 있다. 하지만 그렇기 때문에 오히려 여러 가지 이유로 법적 소송에 이른 경우들도 있다. 1960년대부터 기상조절 기술이 활발하게 수행되고 있는 미국의 경우 (1)불법 침해, (2)공중 불법 방해, (3)토지 주인이 그 땅에 내리는 빗물에 대한 권리를 가지고 있다는 관념 등의 이유로 소송이 제기되기도 하였다(Davis, 1974). 예를 들어보자. A라는 지역에 비가 내릴 시기가 되었는데, B라는 지역에 기상조절 기술을 수행하여 강수현상이 발생하게 되어 A라는 지역에 비가 내리지 않게 되면 A지역의 농장주가 기상조절 기술을 수행한 단체에 소송을 제기

하는 문제가 발생할 것이다. 기상조절이 일반화되고 상업화되면 이런 문제는 비일비재할 것이다. 더구나 이 경우 A지역의 비가 B지역의 비로 바뀌었는지, 아니면 A지역의 비는 자연적으로 소산되고 B지역의 비는 새롭게 형성되었는가를 따진다면 재판은 끝나지 않는 논쟁으로 엉망이 될 것이다.

우리나라의 경우에도 2008년 인공강설 실험이 수행된 3월에 강원도뿐 아니라 전국적인 폭설현상이 나타났다. 실제로 인공강설 실험이 영향을 받는 지역은 매우 작은 범위(용평에서 대관령까지 100제곱킬로미터)여서 이 폭설이 인공강설 실험에 의한 것인지는 확신할 수 없다. 그러나 향후에 대규모 인공강설 실험과 관련하여 많은 양의 눈이 내린다면 폭설 피해를 입는 단체와 이익을 얻는 단체가 생길 것은 분명하며, 이에 따른 분쟁 또한 일어날 것으로 보인다.

강원도의 스키장은 스키장 폐장을 미루는 좋은 효과를 얻게 되는 반면, 골프장은 폭설로 인해 개장일이 늦춰지게 될 것이다. 그러나 국가적으로 본다면, 그 강설현상으로 인해 봄철 가뭄을 대비한 수자원이 확보되고 산불이 예방된다는 점에서 보다 큰 이익이라고 할 수 있겠다. 보존되는 산림자원과 수자원은 경제적인 가치로만 따질 수 없는 것이기 때문이다. 이처럼 기상조절 기술을 수행하여 발생하는 손익은 복잡한 성격을 띠게 될 것이다. 따라서 이는 전적으로 사회적 합의와 정치적 조절로만 해결이 가능하다. 그래서 중국의 '기상조절법'을 뛰어넘는 정교하고도 빈틈없는 제도적 장치가 필요할 것으로 여겨진다.

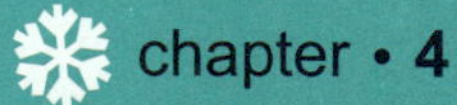

chapter 4

기상조절 기술의 필수 조건은 정책 지원

중국은 매년 커다란 기상재해가 빈번히 발생하는 국가로 이로 인한 경제적 손실 또한 심각하다. 이러한 이유로 기상조절 기술 개발이 절실한 입장이다. 중국 정부는 기상재해로 인한 손실이 중국 국내총생산의 1~3퍼센트를 차지한다고 밝힌 바 있다. 이 때문에 중국은 '국민경제와 사회발전 제11차 5개년 계획'을 통해 기상조절 기술 개발에 대한 정책적인 내용을 발표했다. 이는 중국이 얼마나 기상조절에 관심이 많고 노력을 기울이고 있는지 잘 보여주는 대목이다.

중국은 기상재해 저감과 수자원 확보를 목적으로 기상조절을 시행하여 실효를 거두고 있다고 발표하고 있다. 2005년 기준으로 기상조절 연구에 인원 3만 7,000여 명, 자금 약 617억 원을 투입하였다. 기본적으로 중국은 정부가 기상조절 연구를 주도하나 지방 각급의 재정을 바탕으로 한 실험도 많이 시행하고 있다.

중국의 대표적인 기상조절 사업계획을 살펴보면, 2006년도에 중국 기상국에서 작성한 인공 기상조절 실행사업 방안이 있다. 주요 골자는 2006~2010년까지 기상조절을 단계별로 실행하여 선진 기술국으로 도약하자는 내용으로, 최종 목표는 국가-성-시-현 4급의 인공 기상조절 업무 체계를 완비하고 안정적으로 인공 기상조절 사업을 시행하는 것이다.

국가급에서는 전국의 기상조절을 지도하고 관리하며, 대규모 기상조절 프로젝트를 담당한다. 성급에서는 각 성의 기상조절 발전계획을 세우고 시행하며, 그 결과를 위에 보고한다. 시급에서는 각 시의 기상조절을 시행하며 성에서 위탁한 인원을 교육, 관리한다. 현급에서는 각 현의 기상조절을 시행하며 그 결과를 상부에 보고한다. 이를 위해 세 곳의 기상조절 중점 지구와 네 개의 관측망인 삼참사망(三站四网) 건설 계획을 세웠으며, 신형 촉매제 개발, 신형 측기 설비, 전문 인재 육성 계획 또한 내용에 포함시켰다.

현재 중국은 미국과 함께 기상조절 선진국으로 분류되고 있다. 투자를 많이 해서도, 자주 실험을 해서도, 성공적인 사례가 많아서도 아니다. 단지 기술적·경험적 우월성 때문에 그런 것도 아니다. 무엇보다 기상조절 기술 실행을 위한 다양한 토대가 잘 정비되어 있다는 점이 중요하다. 막대한 투자액도 부럽지만, 그런 것이 제도적으로 결정되고 지원되는 시스템 자체가 부럽다. 우리나라도 중국이나 일본과 같은 법적·제도적 정비와 장기적인 안목의 정책적 지원이 수반되어야 선진 기술인 기상조절 기술을 실용적으로 사용할 수 있는 날을 앞당길 수 있을 것이다. 가뭄이나 안개 피해를 비롯한 각종 기상재해를 걱정하지 않는 현대사회를 꿈꾼다면, 단순한 투자가 아니라 정책적 시스템과 법적·제도적 지원 장치를 하루 빨리 확립하는 것이 중요하다.

6

앞으로 무엇을 해야 할까?

WEATHER MODIFICATION

1. 출발선에 선 국내 기상조절 프로젝트

2. 기상조절 기술 발전을 위해 필요한 것들

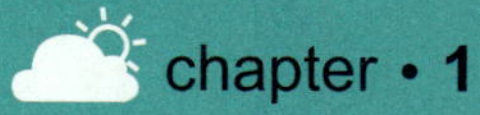

출발선에 선 국내 기상조절 프로젝트

기상조절 기술에 관한 전 세계의 연구개발은 이제 막 달려 나가려는 경주마들의 자세와도 같다. 겨우 그 역사가 60여 년에 불과하지만 연구 성과와 현실화 과정은 매우 빠른 속도로 진행되었고, 2000년대 들어서는 제법 틀을 갖추고 제대로 된 달음박질을 시작하려 하고 있다. 기상조절이 이렇게 빠른 연구 성과를 보이는 이유는 여러 가지 전 지구적인 조건들의 변화와 관계가 있다. 현대사회에 끼치는 기후와 기상의 영향력이 높아지면서 국제사회는 이런 영향력에 더 많은 대응이 필요하다는 생각을 하게 된 것이다.

우선 대표적으로 1992년 브라질 리우데자네이루에서 40여 개 회원

국이 체결한 지구온난화 방지 협약을 생각해보자. 정식 명칭은 '기후변화에 관한 유엔 기본 협약(United Nations Framework Convention on Climate Change)'이다. 1994년 3월 21부터 발효되었는데, 우리나라는 협약이 발효되기 전 1993년 12월에 47번째로 가입했다.

이 협약의 기본적인 목적은 이산화탄소를 포함한 온실가스 방출을 제한하여 지구온난화를 방지하는 데 있다. 지구온난화 방지를 위하여 모든 협약국이 참여하고, 온실가스 배출의 역사적 책임이 있는 선진국은 차별화된 책임을 져야 한다는 것이다. 이에 모든 협약국은 지구온난화 방지를 위한 정책과 국가 온실가스 배출 통계가 수록된 국가보고서를 유엔에 제출할 의무가 있다. 협약 내용은 기본 원칙과 온실가스 규제 문제, 재정 지원과 기술 이전 문제, 특수 상황에 처한 국가에 대한 고려 등으로 구성되어 있다. 기후변화의 가장 큰 문제가 온난화이며, 그 핵심에는 이산화탄소 배출량이 자리 잡고 있다는 공감대를 통해 체결된 이 협약은 여러 가지 산업적 변화와, 기후와 기상에 대한 새로운 관심을 이끌어냈다. 게다가 환경보호적 차원에서 기후변화를 막아야 한다는 분명한 문구가 국제 협약에 포함됨으로써 그동안 의도적이든 아니든 간에 인간이 파괴해온 자연의 복구와 유지가 새로운 이슈로 떠오르게 되었다. 기상조절 기술 역시 이런 추세와 관련하여 자연과 기후 변화에 대응하는 또 하나의 길로 부상하게 되었고, 협약의 내용들과 어긋나지 않으면서 기후와 기상을 제어하거나 관리할 수 있는 하나의 방법론으로서 주목받게 되었다.

또 한편으로는 이런 움직임과 동시에 녹색 에너지로 대표되는 친환경 그린 테크놀로지의 등장도 기상조절과 관련이 있다. 석유를 비롯한 화석 에너지의 고갈과 자연파괴가 심각한 문제로 대두되면서 녹색 에너지에 관한 기술은 급격한 성장기에 접어들었다. 이것은 자연환경과 매우 밀접한 관련이 있다. 태양열 에너지 산업은 더 많은 맑은 날을, 풍력 에너지 산업은 더 많은 바람을, 수력 에너지 산업은 더 많은 물을 필요로 한다. 따라서 이런 자연조건의 안정적인 형성이 필수적이다. 이에 기상조절은 그것이 환경적 악영향이 없다는 전제하에서 매우 필수적인 기술이 되었다. 심지어는 농산물이 대체 에너지로서의 역할이 커지자 옥수수, 사탕수수 등의 국제가격이 급격하게 올랐고, 이들 농산물의 생산환경과 관련한 기상조절 문제 역시 화두가 되고 있다.

이러한 여러 가지 기후, 기상과 관련한 국제사회의 근본적인 패러다임 전환은 기상조절이 국가 차원에서 다뤄야 할 과제임을 분명하게 한다. 1980년대에 한동안 침체되었던 기상조절 관련 기술 실험들이 다시 활발해진 데에는 이러한 국제사회의 인식 변화가 있다. 이에 따라 기상조절 선진국은 앞 다투어 지원책과 개발정책들을 내놓고 있다. 특히 우리와 지리적으로 가까운 중국은 11차 5개년 계획이 실시되고 있고, 일본은 1차 5개년 계획을 진행 중이다. 이미 이러한 장기적 정책과 과감한 예산 투자는 기대한 성과를 내고 있는 상황이다.

우리나라 역시 이러한 국제 환경 변화에 빠른 대처가 필요하다. 우리나라의 경우 기상청 국립기상연구소에서 구축한 대관령 구름물리선도관측센터를 중심으로 최근 3년간 강원도 지역에서 소규모 인공증설 실험을 수행해왔다. 얼마 전에는 태백산맥을 이용한 대규모 실험 가능성을 확인하기 위하여 중규모(100제곱킬로미터)의 인공증설 비행실험이 실행되었으며, 앞으로 몇 년간의 자료 확보로 강원 일대를 대상으로 하는 대규모 인공증설까지 가능할 것으로 보인다. 이런 연구 및 실험 작업들은 최소한 강원도 지역의 증설 효과가 일정한 경제적 가치를 가져올 수 있음을 증명했고, 충분히 신뢰할 만한 실험 자료들을 축적해왔다. 문제는 여기서 더 앞으로 나아가는 일이다.

아직까지는 선진국들과 같은 투자와 계획적이고 지속적인 정책 지원이 부족한 것이 사실이다. 실험 항공기의 부족과 구름물리 측정 시설과 장비들의 마련도 시급하다. 아직 강원도 한 지역의 증설 문제 해결을 위해서도 해야 할 일들이 산더미 같다. 예를 들자면, 향후 진행될 대규모 실용화 실험들은 대규모 지역에 폭우와 폭설 등으로 나타날 수 있으므로, 이러한 실험 전에 영향 범위를 예측할 수 있는 기술 개발과 이에 대한 실험주의보 발표 등 체계적인 정책 마련이 필요하다. 또한 지역적인 범위를 넘어서는 연구의 확대를 위한 다양한 인력과 지원 역시 필요하다.

우리의 기상조절 프로젝트는 지금 출발선에 선 것과 다름없다. 물론 그동안 나름대로 좋은 성과를 얻은 것도 사실이다. 그러나 이제 이렇게 달리기 시작한 말에 채찍과 당근 역할을 해줄 많은 것이 필요하다. 국내 기상조절 기술 연구와 관련된 모든 조건이 크게 변하지 않고는 질적인 발전을 꾀하는 것은 불가능하다.

chapter 2

기상조절 기술 발전을 위해 필요한 것들

국내 기상조절 기술 발전을 위해 필요한 것은 무엇일까?

우선 장비 및 시설 투자 부분이다. 기상조절 기술 중에 가장 핵심인 인공강우 실험에는 여러 대의 중대형 항공기가 필수적이다. 기본적으로 구름씨 뿌리기를 하는 실험 전용 항공기와 실험 전후에 구름물리 및 미세구름물리 관측을 수행하는 실험 검증 항공기가 필요하다. 최근의 예를 보자면 국립기상연구소에서 2008년 3월에 소형 항공기를 이용한 인공강설 실험을 진행했는데, 연구비 문제로 인해 실험 및 관측을 수행할 수 있는 항공기는 빌린 소형 항공기 한 대뿐이었다. 실험 및 관측에 참여한 항공기가 한 대뿐이어서 구름에 씨를 뿌린 후에 일정한 경로에 대해서 연속적인 관측을 할 수 없었다. 비행실험과 비행 관측을 수행할 항공기는 별도로 있어야 한다. 최소 두 대 이상의 비행기를 이용한 실험 및 검증만이 문제가 아니다. 지상 검증 시스템도 선진국형으로 갖추어야 한다.

선진국은 비행실험 및 지상실험 시에 즉각적으로 실험 효과를 검증할 수 있는 시스템을 갖추기 위해 노력하고 있다. 입증이 어려운 기상조절 실험 효과에 대한 객관적인 검증을 위해서다. 따라서 기준지역과 실험지역에 관측소를 최소 두 군데 두어 실험 효과 검증에 만전을 기하고 있다. 실험과 동시에 관측도 하므로 자연현상인지 인공적인 현상인지 명백하게 구분할 수 있기 때문이다. 중국의 경우는 기상조절센터가 31개소 이상이고, 초기 기상 관측 지역, 실험지역과 실험 검증 지역으로 나누어 별도의 프로그램으로 연구가 진행되고 있다. 길림성기상조절센터는 도플러 레이더(Doppler Radar), 편파 레이더, 구름레이더가 삼각으로 설치되어 비행실험 전후에 대한 레이더 분석 영상을 제공하여 기상조절 실험 효과 검증에 활용하고 있을 정도로 그 규모와 체계가 정교한 편이다.

이러한 기상조절 선진국들에 비하면 우리나라의 수준은 미흡하기만 하다. 향후 우리나라에서 기상조절 기술을 연구하기 위한 연구센터를 만든다면 다음과 같은 조직(표 5)이어야 할 것이다. 기상조절 기술의 기초 자료 분석 및 실험 설계를 담당하는 총괄 진행팀, 항공기에 탑승

기상조절연구센터	• 실험 총괄팀(기초 기상자료 연구, 실험 설계, 총괄 실험 분석)
	• 비행실험팀(비행실험 및 검증)
	• 지상실험팀(비행실험 장비 지상 시험 및 실험)
	• 안개 저감 실험팀(구름 챔버 실험 연구 포함)
	• 정비 및 운영팀(항공기 포함 총괄 장비 운영)
	• 지상 검증 시스템 연구개발팀(검증 장비 개발 등)
	• 기상조절 수치모델팀(기상조절 시뮬레이션)
	• 실험 물질 및 실험 장비 연구개발팀

하여 구름씨 뿌리기와 구름물리 및 미세구름물리 검증을 수행하는 비행실험팀, 비행실험과 마찬가지로 비행 전 시험연구를 위해 지상 구름씨 뿌리기와 검증을 담당하는 지상실험팀, 공항 및 도로에서 발생하는 안개에 대한 시정 향상을 위한 안개 저감 실험팀, 항공기를 포함하는 실험 장비 정비 및 운영팀, 기상조절 수치 모델 연구팀, 그리고 구름 챔버와 수치 모델팀과 효과적인 기상조절 기술 구현을 위하여 새로운 씨 뿌리기 물질 및 실험 장비 개발을 담당하는 연구개발팀으로 구성해야 할 것이다. 이러한 조직 구성은 오늘날 연구 환경 구축을 위한 가장 기본적인 조건이다. 과감한 투자와 지원을 지속적으로 실시한다면 우리나라도 기상조절을 실용적으로 사용하는 기상조절 선진국의 반열에 들 수 있을 것이다.

무엇을 연구하고 개발해야 할까?

국립기상연구소는 표 6과 같이 향후 3단계로 나누어 연구개발 및 실험을 하여 실용화 단계를 구축하겠다고 발표했다. 1단계는 인공강설에 대한 과학적 재현성을 확보하고, 공항 및 도로에 인공안개 저감 가능성을 연구하는 기초 연구 단계로서 현재 상당 수준에 이르렀다. 2단계는 강원도 지역뿐 아니라 합천댐같이 가뭄이 잘 일어나는 지역에 대하여 인공강우 지상 및 비행 실험 계획을 세우고, 이를 위해 전용 중대형 항공기 확보, 기초 기상자료 조사, 지상 검증 시스템을 구축하여 실험뿐 아니라 검증 연구까지도 가능하게 할 예정이다. 또한 공항 및 도로에 생기는 인공안개를 저감하는 기술 개발도 이 단계에 같이 진행할 예정이

| 표 6. 향후 국립기상연구소의 기상조절 연구 개발 단계와 내용 |

단계	연구 내용
초기 단계(1년)	• 목표지역(용평) 인공강설 지상 및 비행 실험 시험 • 안개 저감 시험연구(흡습성 물질)
1단계(4년)	• 과학기술적 재현성 확보를 위한 목표지역(용평) 인공강설 지상 및 비행 실험 • 공항/도로용 인공안개 저감 실험 연구
2단계(5년)	• 제2 목표지역(합천댐 고려) 인공강우 지상 및 비행 실험 • 시험지역 공항/도로 인공안개 저감 시험연구 – 복합적 방법(물 차폐막, 흡습성 물질, 액체이산화탄소 등)을 이용한 인공안개 저감 최적화 시험연구
3단계(5년)	• 인공감우(설) 실험 기술 개발 • 인공증설 및 인공강우 기술 이전 • 공항/도로 인공안개 저감체제 구축 및 기술 이전

다. 마지막으로 3단계에서는 민간기업에서도 기상조절 기술을 수행할 수 있도록 기존 연구 기술을 알려주고, 강수 억제 같은 차세대 기술을 연구 개발할 예정이다. 이러한 3단계 계획이 순차적으로 원활히 수행된다면 상상한 것보다 훨씬 막대한 경제적 이익이 창출될 것이다. 더구나 일상적으로 가뭄과 장마 피해가 반복되는 기후적인 조건을 극복하고, 산업적으로 요구되는 환경 조성을 위한 토대가 마련될 수 있을 것이다.

특히 이런 기술들의 실용화를 위해서 가장 시급한 것은 검증 과정과 효과 분석이다. 이것은 즉각적으로 투자 효과가 드러나는 부분이 아니라서 자칫 소홀할 수 있지만, 의도하지 않은 재난이나 지역적 특성에 따른 오류 등을 불러올 수도 있기 때문에 지속적인 연구가 필요한 부분이다. 그리고 이런 부분에 대한 적극적인 투자를 위해서는 정책적 차원에서 폭넓은 이해가 필요하고 충실한 제도적 밑받침이 필요하다. 지상 검증 시스템이나 수치 모델 개발 등은 그 성격상 비싼 장비와 높은 수준의 기술인력 지원 등이 필요하며, 장기간의 연구 및 실험 결과의 축적으로 더욱 안정적인 기반 조성이 필요하다고 하겠다.

아직 국제적인 추세에 비하면 우리의 지금까지 연구 성과는 아직도 걸음마 수준이다. 그러나 이것 자체가 소중한 기회다. 보이지 않는 곳에서 세계 각국은 기후와 기상과의 전쟁을 벌이고 있다. 크게 본다면 미래 산업적 측면에서 기후와 기상 문제, 그리고 지구의 자연환경과 관계 없는 것은 없다. 이것이 오늘날 지구가 맞닥뜨린 가장 큰 화두기 때문이다. 우리나라도 이제 그린 테크놀로지, 녹색성장 등의 개념이 중요한 문제로 떠오르고 있는 상황에서 좀 더 과감하고 선진적인 투자와 제

도적 지원책들이 나와야 한다. 이것만이 21세기 자연과 함께하는 새로운 산업사회에 대한 전 세계적인 흐름에 뒤떨어지지 않고 동참하는 길이다.

하늘을 지배하는 가장 빠르고
안전한 방법, 과학적 겸손함

최근 한 다큐멘터리에서 기상 실험에 참여하고 있는 비행기 조종사의 인상 깊은 발언을 들은 적이 있었다.

"나는 인간이 날씨를 예측할 수 있다고 믿지 않는다. 일기예보는 신의 영역이다. 과학자들이 온갖 과학기술을 통해 좀 더 정확한 예측을 할 수는 있겠지만, 조종사의 입장은 다르다. 경외심을 가지고 날씨를 대하지 않으면 목숨을 잃게 되기 때문이다."

아직까지 과학기술의 괄목할 만한 발전을 신뢰하지 않는 무지몽매한 발언으로 생각할 수도 있겠지만, 진지한 그의 표정은 맹목적인 종교적 입장을 나타내는 것이 아니었다. 인간은 과학기술과 산업 발전에 따라 점점 더 오만해지고 있다. 완전하지 않은 지식, 아니 완전할 수 없는 지식을 방만하게 적용하여 눈앞의 이익만을 추구하다 더 큰 피해를 입는 경우도 수없이 많다.

특히 자연에 대한 인간의 태도가 그렇다. 수만 년에 걸쳐 굽이쳐 낮게 천천히 흐르는 강물에 제방을 쌓아 곧고 깊게 만들었다가 엄청난 태풍 피해와 침수를 겪고 있는 미국의 뉴올리언스 지역을 생각해보자. 1960년대 운하를 만들면서 경제적 효과에 대해 강조했던 개발론자들이 반대를 무릅쓰고 습지와 숲을 파괴하며 운하를 건설한 결과 수로를 따라 역류하는 바닷물에 엄청난 피해를 입었던 것이다. 허리케인 카트리나의 피해 규모는 11조 원에 달하는 천문학적 숫자였지만, 사실 1965년 운하 완공 직후부터 허리케인 등에 의한 피해는 계속 누적되어 왔다. 10여 년 전부터 폐쇄 요구가 있었던 운하는 결국 카트리나로 인해 완전히 폐쇄되는 운명을 맞이했다. 그러나 최초 건설 비용 920억 원에 100여 배에 달할 것으로 예상되는 복구 비용 때문에 운하를 덮고 이전의 물길을 되찾는 사업은 아직 시작도 못한 상황이다.

자연을 지배하고자 하는 인간의 욕망은 동전의 양면처럼 위험하다. 매년 똑같은 집중호우 피해를 극복해보고자 장마가 오기 전에 제방과 수로를 정비하려는 농부의 마음은 당연한 것이다. 그러나 그 선을 넘어서서 장마철 비 피해를 줄이고자 무차별한 기상조절을 시도한다면, 그 결과 오히려 폭설과 냉해와 같은 예상치 못한 재앙이 더 크게 다가올지도 모른다. 극복 의지와 과도한 욕망은 종이 한 장 차이일 수 있다. 어쩌면 그 경계를 구분한다는 것 자체가 어려운 일일지도 모른다.

그러므로 모든 과학기술은 오만해서는 안 된다는 점에 다른 의견이 없을 것이다. 단편적이고 한쪽에 치우친 실험 결과 하나로 모든 것을 입증이라도 한 듯한 태도를 가질 때 바로 동전의 반대편이 드러나게 마련이다. 기상조절이라는 영역은 더욱 그렇다. 하나의 유기체와 같은 지구의 기후 시스템은 이미 인류의 계속적인 산업 발전에 따른 오염으로 엄청난 몸살을 앓고 있다. 기상조절은 자연의 항상성과 자기 치유 능력과 균형을 파괴하는 것이 아니라, 오히려 그 복구와 친환경적인 극복을 위한 기술로 활용되어야 한다.

더구나 기상조절이 막대한 경제적 효과나 정치적·군사적 목적과 긴밀한 관계가 있다는 측면에서 보자면 이러한 극복 의지와 과도한 욕망 사이의 균형 잡기는 필수적이라 하겠다. 경제적·군사적 목적에서 한쪽으로 치우친 기상조절의 유혹은 매우 강렬하다. 국가적 차원에서의 이익이라는 측면에서 중립적인 과학자와 기술자들로서는 감당하지 못할 압력을 느낄 수도 있다. 전쟁에서 이길 수 있다면, 혹은 나라의 경제를 살릴 수만 있다면 이라는 명제 앞에서는 과학기술의 객관성과 합리성을 넘어서는 요구에 직면할 수도 있다는 말이다. 즉 당장 얻는 것보다 훨씬 더 큰 피해를 초래할지도 모르는데 할 수밖에 없는 딜레마에 마주치게 될 것이다.

그러므로 과학기술 영역에서의 검증은 더욱 정교하고 세심하게 수행되어야 한다. 오늘 서울 하늘에 비를 내리는 실험에 성공했다고 당장 내일 부산에도 그럴 수는 없다. 여러 번에 걸친 검증과 반복적인 실험을 통한 실험적 증거가 필요하다. 그리고 그러한 연구 결과가 적용될 수 있는 범위에 대한 정확한 경계를 만들고, 예상되는 모든 반대급부와 부작용에 대해서도 적극적으로 고려하는 태도만이 이를 통한 또 다른 재앙을 방지하는 길일 것이다. 우리에게 필요한 것은 궁극적인 극복이지 하나의 재앙을 피하고 또 다른 재앙을 만나는 것이 아니기 때문이다.

그런 의미에서 앞서 말한 비행기 조종사의 겸손하면서도 단순한 언급이 마음에 와 닿는 바가 있다. 조종사는 과학적 방법론을 단편적인 결과가 아니라 해결방법에 끊임없이 접근하려는 일종의 정리과정으로 이해하고 있다. 그리고 그가 경외심이라는 말로 표현하듯이 거기에는 과학적 겸손함이 있어야 한다. 성경에 등장하는 바벨탑의 붕괴가 시사하는 바를 오늘날 과학기술의 시선으로 바꾸어 보자면 바로 이 '겸손'의 문제인 것이다.

기상조절이란 곧 하늘을 인류의 손에 넣는 일이다. 조급하거나 경솔하거나 오만하다면 누구도 예상치 못한 결과에 부딪힐 것이다. 진지하고도 폭넓은 시야를 확보한 채 조심스럽게 지속적인 발걸음을 내딛는 것이 하늘을 손에 넣는 가장 빠르고 안전한 방법일 것이다.

강원지방기상청, 『예보분석실무과정』, 2007.

국립기상연구소, 『한반도 기상조절 기술개발』, 2006.

국립기상연구소, 『기상조절 및 기상장비 기술개발 기획연구』, 2007.

국립기상연구소, 『구름물리관측시스템 유지 및 연구』, 2007.

국립기상연구소, 『기상조절 등 항공기 활용 방안에 관한 기획연구』, 2008.

기상연구소, 『인공강우 실험연구(Ⅰ)』, 1996.

기상연구소, 『인공강우 실험연구(Ⅱ)』, 1997.

기상청, 『고층기상학』, 2006.

김창기, 염성수, 오성남, 남재철, 장기호, 「한반도에서의 지형성 인공증우(설) 실험 성공 가능성에 대한 연구」, Asia-Pacific Journal of Atmospheric Sciences, 2005.

서애숙, 「인공강우, 한국기상학회 연구노트」, 2001.

양인기, 「인공증우에 관한 기초적 조사 및 예비적 야외실험」, J. Korean Met. Soci., 1965.

염성수, 오성남, 김정윤, 김창기, 남재철, 「전방산란스펙트로메타(FSSP)를 이용한 한반도에서의 구름입자 크기분포 관측」, 한국기상학회, 2004.

이선기, 정관영, 윤강헌, 김동호, 「인공강우 실험 평가를 위한 강수 중 배경 은 농도 분석」, 한국기상학회지, 1998.

이우진, 『일기도와 날씨해석』, 광교이택스, 2006.

이재형, 김운중, 전일권, 『구름물리학』, 도서출판 새론, 1995.

장기호, 오성남, 정기덕, 양하영, 이명주, 정진임, 조요한, 김효경, 박균명, 염성수, 차주완, 「구름물리관측시스템 및 산출물 검정」, 대기지, 2007.

장기호, 이명주, 정진임, 장영진, 양하영, 김금란, 「안개소산과 인공증우(설) 기술」, 공기청정기술지, 21(1), 9-20, 2008.

정관영, 송명덕, 이선기, 엄원근, 「Radiometer를 이용한 안동댐 지역 수함량 조사」, 기상학회 가을학술발표, 1994.

차주완, 장기호, 정진임, 박균명, 양하영, 「전방산란스펙트로미터(FSSP-100)와 마이크로 레디오메타를 이용한 2003년도 대관령 동계 안개 사례분석」, 대기지, 2005.

채동현, 『쉽게 배우는 기상학』, 교육과학사, 2007.

한국기상학회, 『대기과학개론』, 시그마프레스, 1999.

홍성길, 『기상분석과 일기예보』, 교학연구사, 1983.

C. Donald Ahrens/민경덕 역, 『대기환경과학』, 시그마프레스, 2002.

American society of civil engineers (ASCE) task committee, *Guidelines for cloud seeding to augment precipitation*, A,erican society of civil engineers, 1994.

Blumenstein, ,. R., R. M. R,uber, L. O. G,ant, and W. G, Finnegan, *Application of ice nucleation kinetics in orographic clouds*. J. Climate appl. Meteor., 1987.

Borland S. W., *"Hail: A review of hail science and hail suppression"*, Meteorol. Monogr. American Meteorological Society, Boston, 1977.

Bowen, E. G., *Formation of rain by coalescence*. Aus. J. Sci. Res., 1950.

Braham, R. R., Battan, L. J., and Byers, H. R., *Artificial nucleation of cumulus clouds and weather modification*: A group of field experiment. Cloud and Weather Modification, Meteor. Monogr., 1957.

Chang K. H., M. J. Lee, K. D. Jeong, J. Y. Jeong, H. Y. Yang, J. W. Cha, K. M. Park, and S. N. Oh, *An Experimental Study for the Hygroscopic-particle moving seeding method to dissipate natural advection fog*, J. Korean Meteo. Soc., 2007.

Cooper, C. F., Abstr. special Regional Weather Modification Conf. *Augmentation winter orographic precipitation*. Western U.S., 1975.

Davis, R J., *"Weather Modification Law Developments"* in Oklahoma Law

Review, 1974.

Demott, P.J., *Comparison of the behavior of AgI-type ice nucleating aerosols in laboratory-simulated clouds*, Journal of Weather Modification, 1998.

Dennis, A. S., *Weather modification by cloud seeding*. Academic Press, 1980.

Donald Rottner, Stanley R. Brown and Olin H. Foehner, *The effect of persistence of AgI on randomized weather modification experiments*, Jour.al of Applied Meteorology, 1975.

Elliot, R. D., *Review of wintertime orographic cloud seeding*, Meteor. Monogr. 1986.

Fukuta N., K. J. Heffernan, W. J. Thompson, and C. T. Maher, *Generation of Metaldehyde Smoke*, Journal of Applied Meteorology, 1966.

Grant, L. O. and Kahan, A. M., *Weather Modification for augmenting orographic precipitation, in "Weather and climate modification*, John Wiley and Sons., 1974.

Hobbs, P.V., *The nature of winter clouds and precipitation in the Cascade Mountains and their modification by artificial seeding. Part III: Case studies of the effects of seeding*, Journal of Applied Meteorology, 1975.

Howell, W. E., *Environmental impacts of precipitation management: Results and Inferences from Project Skywater*, Bulletin of the American Meteorological Society, 1977.

Huff F.A. and S.A. Changnon Jr., *Evaluation of potential effects of Weather Modification on Agriculture in Illinois*, Journal of Applied Meteorology, 1972.

Huggins, A.W., *Report on the 1993-94 Nevada state cloud seeding program*. Desert Res. Inst. Asc., 1994.

Jiusto, J.E., .J. Pilie and W.C. Kocmond, *Fog modification with giant hygroscopic nuclei*, Journal of Applied Meteorology, 1968.

Klein, D. A., Conf. *Planned and Inadvertent Weather Modification*,

Champaign–Urbana, 6th, 1977.

Kusunoki K., M. Murakami, M. Hoshimoto, and N. Orikasa, *The characteristics and evolution of orogaphic snow clouds under weak cold advection*, Monthly Weather Review, 2003.

Langmuir, I., *The growth of particles in smokes and clouds and the production of snow from supercooled clouds*. Proc. Amer. Phil. Soc., 1948.

Lee M.-J., K.-H. Chang, G.-M. Park, J.-Y. Jeong, H.-Y. Yang, K.-D. Jeong, J.-W. Cha, S.-S. Yum, J.-C. Nam, K.-S. Kim, and B.-C. Choi, *Preliminary results of the ground–based orographic snow enhancement experiment for the easterly cold fog (cloud) at Daegwallyeong during the 2006 winter*, Advances in Atmospheric Sciences, 2008.

Li, Z., and R. L. Pitter, *Numerical comparison of two ice crystal formation mechanisms on snowfall enhancement from ground–based aerosol generators*, Journal of Applied Meteorology, 1,96.

McDonald, J. E., *The Physics of cloud modification*, Advances in Geophysics, Academic Press Inc., New York, 1958.

National Cooperative Highway Research Program (NCHRP), Synthesis 228: *Reduced visibility due to fog on the highway, A synthesis of highway practice*. TranSafety, Inc., 1998.

Ramirez, J. M., *Status and agricultural implications of operational weather modification in North Dakota*. Preprints, 4th Conference on Weather Modification, AMS, Boston, 1974.

Reynolds, D. W., and A. P. Kuciauskas, *Remote and in–situ observations of Sierra Nevada winter mountain clouds: relationships between mesoscale structure, precipitation and liquid water*, Journal of Apply Meteorological, 1988.

Rogers R.R., *A Short Course in Cloud Physics*, Pergamon Press, 1976.

Schefer, V. J., *The production of ice crystals in a cloud of supercooled water droplets*, Science, 1946.

Silverman B. A. and W. Sukarnjanaset, *Results of the Thailand warm-cloud hygroscopic particle seeding experiment*, Journal of Applied Meteorology, 2000.

Sonka S. T. and S. A. Changnon Jr., *A Methodology to Estimate the Value of Weather Modification Projects: An Illustration for Hail Suppression*, Journal of Applied Meteorology, 1977.

Super, A. B., and B. A. Boe, *Microphysical effects of wintertime cloud seeding with silver iodide over the Rocky Mountains. Part Ⅲ: Observation over the Grand Mesa, Colorado*, Journal of Apply Meteorological, 1988.

Tom, H. C. S., *"Final report of the advisory committee on Weather Control"*, U.S. Govt. Printing Office, Washington, D. C., 1957.

Vonnegut, B., *The nuc,eation of ice formation by silver iodide*, J. Appl. Phys., 1947.

WMI, *Wyoming level II weather modification feasibility study*, 2005.

Yang, I. K., *On ice nucleus concentrations in Seoul during winters 1962-1965.* J. Meteor. Soci. Japan, 1966.

선배 기상조절 연구 그룹

홍성길, 엄원근, 정효상, 최치영, 이희훈,
박균명, 정기덕, 장영진, 윤강헌, 김정윤,
남영만, 이충기, 이선기, 정성훈, 조장희,
이선용, 안광득, 오성남, 남재철, 최병철,
서애숙, 오재호, 김금란, 최영진, 정관영